ESSAI

SUR

LA GÉNÉRATION

DE LA CHALEUR

DANS LES ANIMAUX.

Traduit de l'Anglois.

ESSAI

SUR

LA GÉNÉRATION

DE LA CHALEUR

DANS LES ANIMAUX.

Traduit de l'Anglois de ROBERT DOUGLAS, *Docteur en Médecine.*

Quicquid enim ex phænomenis non deducitur, hypothesis vocanda est ; & hypotheses seu Metaphysicæ, seu Physicæ, seu qualitatum occultarum, seu Mechanicæ, in Philosophia experimentali locum non habent.

NEWTON, Princip. Math. p. 530.

A PARIS,

Chez PRAULT pere, Quai de Gêvres, au Paradis.

M. DCC. LV.

Avec Approbation & Privilége du Roi.

AVERTISSEMENT.

J'ENTREPRENDS dans ce Traité, d'expliquer la Génération de la Chaleur dans les Animaux, non pas par des hypothefes imaginaires, ou fur de pures conjectures, mais par des conféquences dont les prémices font toutes uniquement fondées fur l'obfervation & fur l'expérience. . . . . . Je laiffe aux Sçavans à juger fi j'y ai réuffi.

Voici, en deux mots, la méthode que j'ai fuivie pour parvenir à cette fin. J'ai tâché de découvrir d'abord, quelle pouvoit être la cauſe de cette chaleur, & moyennant quelques obſervations générales, j'ai établi mes recherches ſur quelques-uns de ces phénoménes les plus apparens. La cauſe de la Chaleur, ainſi découverte, & poſée pour principe, m'a fait appercevoir que tous les autres phénoménes étoient aiſés à réſoudre. J'ai reconnu en même tems la difficulté, ou plûtôt l'impoſſibilité qu'il y auroit à les réſoudre par d'autres voyes..... Telle eſt la méthode que j'ai ſuivie dans la compoſition.

A l'égard du ſtile, je n'ai cherché qu'à me faire enten-

dre le plus clairement qu'il
m'a été poffible : cette con-
fidération m'a fait négliger
tous les moyens d'élégance ,
dont la matiére auroit pû ,
par occafion , être plus fuf-
ceptible ; d'autant plus que
cet Effai ne doit être regardé
que comme le cannevas d'un
Ouvrage que je ferois charmé
de voir dans la fuite fini par
une Plume plus délicate que
la mienne.

ERRATA.

Page   9. *lig.* 9. Observation III. *lif.* Obfer-
ſervation II.

13. *lig.* 8. découverts, *lif.* découvertes.

17. *lig.* 11. n'eſt en aucune façon proportionné, *lif.* ne ſont en aucune
façon proportionnés.

37. *lig.* 21. en ſubſtance, *lif.* à la ſubſtance.

50. *lig.* 2. ttop, *liſez* trop.

55. *lig.* 16. abſolue de la chaleur innée d'un
animal qu'elle ſoit, *lif.* abſolue
que la chaleur innée d'un animal
ſoit.

67. *lig.* 3. volume, *lif.* volumes.
Note. *lig.* dern. *Heatling.* liſ. *Heating.*

101. *lig.* 5. inutilement, *lif.* mutuellement.

109. *lig.* 14 *après* chaleur, *ajoûtez* innée.

110. *lig.* 6. reçoit, *lif.* participe.

114. *lig.* 15. *Note.* frileux, *lif.* frilleux.

125. *lig.* 3. particulieré, *lif.* particuliere.

133. *lig.* 11. *Note.* acquis à environ, *lif.* acquis
environ.

Au Titre de toutes les pages folio verſo, *liſez*
de la chaleur animale.

ESSAI
SUR LA GENERATION
DE LA CHALEUR
DANS LES ANIMAUX.

NOus n'entreprendrons point ici de développer l'histoire des différens sentimens des Médecins , Physiciens, Naturalistes & autres, sur le principe de la chaleur animale ; ce détail qui ne répandroit pas un grand jour sur notre problême , nous conduiroit trop loin au-delà des bornes que nous nous sommes pres-

A

crites ; qu'il nous soit permis seulement d'observer en général, que dans le dernier siécle les Sçavans qui se sont le plus distingués attribuoient en commun cet effet à un mouvement intestin du sang ; mais ils n'étoient point du tout d'accord sur la nature particuliere de ce mouvement intestin , en effet quelques-uns vouloient que ce fût une fermentation , les autres disoient que c'étoit une effervescence, d'autres le regardoient comme une ébullition &c. Nous ajouterons encore que cette hypothèse a fait place à une autre, par laquelle on attribuoit la cause de la chaleur dans les animaux aux frictions méchaniques de leurs fluides & de leurs solides; aux agitations & aux collisions des particules de ces flui-

des les unes contre les autres , &
en même tems contre les parois
des vaisseaux dans lesquels ils circulent. Cette derniere opinion confirmée entr'autres par le grand
Boerhaave , & à son exemple par
le plus grand nombre de ceux qui
se sont attachés à sa doctrine , est
aujourd'hui la plus commune en
Europe. La premiere , quoique
d'une nature différente , conserve
cependant encore quelques parti-
sans ; tout le reste, on peut le dire ,
est partagé entre l'une & l'autre.

Passons directement à notre Sujet. Pour le traiter avec plus de
méthode, nous nous attacherons à
suivre l'ordre des Mathématiciens,
comme le plus favorable à la matiere que nous entreprenons d'é-
claircir ; & le plus propre en mê-

me tems à nous faire entendre d'une maniere & plus claire & plus intelligible.

DEFINITIONS.

DEF. I. *La* CHALEUR INNÉE *d'un animal est seulement l'excès dont sa chaleur absolue surpasse celle de son* Medium, *soit que ce* Medium *soit air, eau, ou tout autre corps quelconque. Ainsi par exemple si la chaleur d'un animal est de 98°, & que celle de son* Medium *soit de 48°, en ce cas sa* CHALEUR INNÉE *est de 50°.*

En effet, c'est là le seul moyen de déterminer au juste la quantité de chaleur innée; & ce moyen roule sur ce principe, sçavoir, qu'un Animal quoique mort, sans mouvement & tout-à-fait dépourvu d'aucune cause intrinséque de chaleur, jouit cependant encore de la même température que son *Medium*: d'où l'on peut conclure que la quantité de la chaleur innée doit être appréciée par l'excès du produit de la chaleur d'un animal au-dessus de celle de son *Medium*.

DEFINITION II.

Il y a différens degrés de chaleur extérieure, qui tous affoiblissent également la CHALEUR INNÉE *d'un animal* (comme nous le ferons voir ci-après) *& c'est le moindre de ces degrés que l'on appelle* LIMITE *de la* CHALEUR INNÉE.

DEFINITION III.

On apprécie le nombre des degrés de

chaleur & de froid du medium
d'un animal par les limites *de sa*
chaleur innée.

Cette maniere d'eftimer la quantité de chaleur & de froid extérieur , relativement à un animal
quelconque , eft à mon avis, celle
qui convient le mieux à mon fujet,
quoique d'ailleurs elle foit véritablement tout-à-fait arbitraire.

DEFINITION IV.

Par la quantité de chaleur qu'un ani-
mal engendre , on entend ce fur-
croît de chaleur qui remplace con-
tinuellement les pertes que doit né-
ceffairement fouffrir le corps d'un
animal chaud par fon contact im-
médiat avec un medium *plus*
froid.

Cette définition nous apprend
que quoique la chaleur engendrée
par le même animal, foit à-peu-près
proportionnelle au degré de fa chaleur innée, cependant cette loi ne
doit plus du tout avoir lieu dans la
comparaifon des quantités de chaleur engendrée par des animaux de
différente taille ; puifque l'altération de chaleur que fouffre un corps
qui fe refroidit dans des tems don-
nés, eft à-peu-près en raifon de celle qui fubfifte dans ce corps. * En
effet, les corps chauds perdent leur
chaleur dans des tems proportion-
nels à leur diamètre. ** D'où l'on
doit conclure, que l'altération de

* Voyez *Martin*, on the heating and cooling
of Bodies, p. 276.

** Voyez Principes de Mathématiques de
Newton.

A iiij

chaleur, de même que son surcroit par la même raison, ou les quantités de chaleur produites dans des animaux de différentes grandeurs , doivent être en raison directe de leur chaleur innée , & en raison inverse de leur diamètre.

DEFINITION V.

La chaleur extérieure relâche *les vaisseaux des animaux ; le froid extérieur, au contraire*, les resserre.

Pour plus de clarté , je dis que la chaleur dilate & augmente la capacité de ces vaisseaux ; & que par un effet contraire le froid les rétrécit & les diminuë. Qu'il me soit permis d'avertir ici de ne pas confondre ces deux modifications avec

l'expanſion & la contraction ; ou ,
ce qui revient au même , avec la
raréfaction & la condenſation des
corps, ſuivant les différens degrés
de chaleur ou de froid dont ils ſont
ſuſceptibles ; parce qu'il en réſulte
des effets réellement différens ,
comme nous le ferons voir ci-après
Obſerv. III.

DEFINITION VI.

On entend par une extrémité capillaire, *un tube quelconque dans l'a-*
nimal, ſi petit qu'un ſeul globule de
ſang ne puiſſe pas le traverſer libre-
ment , dans le cours de ſa circula-
tion , ou plutôt qu'il ne puiſſe s'y
faire jour que par un contact forcé
& une friction étroite de toute ſa
circonférence , & même aux dépens
de ſa figure, qui doit néceſſairement

en être altérée : d'où l'on doit conclure que le diamètre d'une extrémité capillaire , *doit être moindre que celui du globule qui s'y force le passage , sans quoi ce ne seroit point une* extrémité capillaire.

Le froissement que ces globules souffrent contre les parois des extrémités capillaires , répond à tous égards à la définition du froissement d'un solide contre un autre ; il est proprement le seul qui mérite cette expression dans le corps d'un animal. En effet , il est aisé de le distinguer du froissement qui résulte de l'action des fluides sur les solides.

DEFINITION VII.

Je prens dans un sens étendu & sans bornes cette expression de mouve-

ment intestin *de nos fluides*, &
*je ne l'applique particulierement
ni à la fermentation*, *ni à l'effervescence*, *ni à la putréfaction*, *ni
à aucune autre modification quelconque*, *dont ce mouvement puisse
être susceptible* : *en un mot*, *je
n'entreprends point du tout ici de
déterminer quelle espece particuliere de* mouvement intestin *existe dans le sang.*

DEFINITION VIII.

J'appellerai animal chaud *en général*, *ou d'un tempérament chaud,
celui qui conserve une température
constante & uniforme*, *malgré
les différens degrés de chaleur ou
de froid extérieur* ; *j'appellerai*
froids, *au contraire*, *ceux dont
la température suit celle de leur*

medium, & varie relativement aux changemens ausquels ils sont exposés.

Nota. *Pour mesurer les différens degrés de chaleur & de froid, je me sers du Thermomètre de* Fahrenheit, *qui fixe la température naturelle de l'homme à* 98 *& celle de la glace à* 32.

OBSERVATIONS

I.

LE s extrémités capillaires *sont les dernieres ramifications des vaisseaux sanguins d'un animal, dans un atmosphère de quelques degrés plus froide que son sang.*

Quiconque veut s'assurer lui-même de l'exiftence de ces extrémités capillaires , peut aifément fe fatis-faire au moyen d'un Microfcope , foit fur la Grenouille , ou fur tout autre animal qui engendre de la chaleur. Léeuwenhoeck qui s'eft fervi le premier duMicrofcope dans fes recherches , les a découverts , & fes découvertes ont été confir-mées depuis par tous ceux qui ont tenté les mêmes recherches. Je dois cependant avertir ici que ces expé-riences demandent une attention particuliere fur le degré de chaleur du *medium* de l'animal : en voici la raifon.

OBSERVATION II.

Le froid extérieur refferre *les vaif-feaux d'un animal ; la chaleur extérieure, au contraire, les* relâche.

L'expérience journaliere nous démontre tous les jours l'évidence de ce Phénomène. En effet , lorsque nous nous trouvons dans un *medium* fort chaud, nous éprouvons que nos corps y acquierent plus de volume & plus de surface. Nous voyons nos pores s'y dilater au point que la sueur en sort, pour ainsi dire , par ruisseaux ; enfin , nous y essuyons un sentiment de chaleur qui nous accable & nous suffo. que, & qui n'a d'autre cause qu'un relâchement universel dans toute la machine. Passons de cette extrémité à une autre , je veux dire des environs de la Ligne dans la Zône glaciale : nous y sentons des changemens d'une nature bien différente , mais peut - être aussi incommodes , & pour le moins aussi désagréables. Nos vaisseaux se retirent , se resser-

rent, se contractent, & les travaux
les plus durs & les plus fatiguants
ne sont souvent pas capables de produire la moindre moiteur sur la peau;
enfin, nous y sommes en proie à
une sensation également gênante,
mais d'une nature bien différente
de la premiere. Si l'on examine la
circulation du sang dans une Grenouille, au moyen du Microscope,
on reconnoît aisément que ses vaisseaux acquierent plus ou moins de
capacité, & permettent aux globules du sang un passage plus ou
moins aisé au travers des extrémités capillaires, selon que la chaleur
ou le froid de l'atmosphère dans laquelle on suit cette expérience,
augmente ou diminuë. Enfin, s'il
restoit quelques doutes sur la puissance de ces différentes modifica-

tions , on seroit au moins forcé d'acquiescer aux expériences * aussi curieuses que décisives du sçavant M. Hales , par lesquelles il démontre jusqu'à quel point le froid & le chaud peuvent influer sur les vaisseaux , soit pour les relâcher ou pour les resserrer , même dans les animaux morts. Par toutes ces raisons il est aisé de voir que le relâchement & le resserrement sont des effets tout-à-fait différens de ceux qui résultent de la raréfaction & de la condensation : en effet , les premiers se font manifestement sentir au moindre changement qui arrive dans la température de l'atmosphère , soit en chaud ou en froid : Les derniers demandent , au contraire, une altération considérable , & en

* *Hæmastatique* , Expérience XV.

même

même tems des expériences également délicates & difficiles à suivre, pour qu'on puisse les ménager au point de les rendre sensibles. D'un autre côté, la raréfaction & la condensation dépendent entierement de la quantité de chaud ou de froid *inhérente* aux corps raréfiés ou condensés : au contraire , le relâchement & le resserrement des vaisseaux d'un animal vivant , n'est en aucune façon proportionné à leur propre température : en effet, nous éprouvons, selon les régles du Thermomètre , que notre corps est réellement aussi chaud dans le tems le plus froid, (particulierement encore si nous nous livrons à quelque exercice,) quelque resserrés que puissent être alors nos vaisseaux , qu'il l'est dans le tems des plus grandes chaleurs de l'été, pendant lesquelles les vaisseaux sont dans leur plus grand état de relâchement.

OBSERVATION III.

Le froissement des globules cesse dans les extrémités capillaires , lorsque la chaleur de l'animal coincide avec celle de son medium.

Cette observation nous apprend que les extrémités capillaires se dilatent ou se relâchent à proportion & à mesure que la chaleur extérieure devient plus considérable ; d'où l'on doit conclure que cette chaleur extérieure , parvenuë à un certain degré , les relâchera au point de leur permettre un diamètre beaucoup plus grand que ne l'est celui des globules. En effet , on conçoit aifément que dans une fi grande atonie, chacun de ces globules entraînés dans leur véhicule aqueux, doit traverfer tous ces petits tuyaux fans avoir le moindre froiffement à y effuyer. Or, ce degré de relâchement des extrémités capillaires, dans lequel tout froiffement ceffe entre les parois de ces vaiffeaux & les globules deftinés à les parcourir, arrive précifément lorfque la température de l'animal fe trouve au même degré que celle de fon *medium* (du moins autant que le fecours même du Microfcope nous permet d'en juger, à caufe de la petiteffe des objets) c'eft-à-dire, fuivant notre Définition I. lorfqu'il n'engendre point de chaleur.

PHENOMENES.

Il y a un certain degré de chaleur ex-térieure dans l'étendue duquel la CHALEUR *innée d'un animal, quoique vivant & en bonne santé s'éteint insensiblement. Ce degré, dans les animaux d'un tempéra-ment* CHAUD, *coincide avec la tem-pérature naturelle de leur sang. De cette limite, si l'on suppose qu'un animal* CHAUD *parcoure une suite indéfinie de degrés de froid, tou-jours en augmentant, l'augmen-tation de sa chaleur* INNÉE *se fera en même raison que celle du froid, jusqu'à une certaine éten-duë ; elle se fera ensuite en raison de plus en plus foible, jusqu'à ce que la chaleur* INNÉE *de l'animal soit dans son plus grand degré de vigueur ; & depuis cette période, elle diminuera par degrés, à mesure que le froid augmentera, jusqu'à ce que l'animal meure, & qu'enfin sa chaleur s'éteigne tout-à-fait.*

On peut aisément se convaincre soi-même qu'un animal d'un tempérament chaud, dans un *medium* de la même température que celle de son sang, n'engendre aucune chaleur. Pour cet effet il suffit de se plonger dans un bain de même température que la sienne ; alors on reconnoîtra par le moyen du Thermomètre, qu'il n'y a aucune différence sensible entre la température de son corps & celle du *medium* dont on est environné : d'où l'on peut conclure, suivant notre Définition I.

que l'on n'y engendre aucune chaleur, quoique non seulement on y
vive, mais encore qu'on y jouisse
d'une bonne santé pendant un tems
considérable, & même que la circulation s'y fasse très-librement.

A cette expérience on en peut
substituer une autre également concluante, mais encore plus aisée :
elle se réduit seulement à tenir dans
sa main la phiole d'un Thermomètre plongé dans un bassin d'eau
échaufée environ à 96 ou 98 degrés.

On a tenté la même expérience
sur quelques animaux, & on a toujours constamment reconnu que le
fluide du Thermomètre que l'on
avoit auparavant ajusté à la chaleur
du bain dans lequel on les avoir
plongés, & dont la température

étoit pour le moins auſſi chaude que celle de leur ſang ; que ce fluide, dis-je, ne s'élevoit point, quoique l'on mît l'inſtrument dans leur bouche, dans leur anus, en un mot dans quelque partie que ce fût de leur corps, pourvû que l'on y procédât immédiatement, ou du moins peu de tems après leur immerſion, & que l'animal de ſon côté ne ſe fût point trop agité auparavant, ce qui pourroit occaſionner dans le ſang une *erreur de lieu*, à cauſe du relâchement univerſel des extrémités capillaires : inconvénient qui demande beaucoup d'attention & de prévoyance dans cette expérience, pour des raiſons que nous détaillerons ci-après.

De plus, depuis l'étendue de cette limite de la chaleur innée d'un ani-

mal, qui dans l'homme est d'environ 98° dans les quadrupedes &
dans les oiseaux de 100°, 102°104°,
106° , son augmentation est proportionnelle à l'augmentation du
froid jusqu'à une étendue considérable ; ainsi , par exemple , un homme n'engendre aucune chaleur dans
un atmosphère dont la température
monte à 98° ; dans un autre où elle
ne va qu'à 90°, il en engendre 8 ;
dans une plus foible encore, où elle
ne va qu'à 80°, il en engendre 18 ;
enfin , dans une plus tempérée , &
seulement de 70°, sa chaleur naturelle est égale à 28 , ou plutôt est de
28 degrés &c. or , tant qu'il per-
siste dans sa température naturelle,
qui peut subsister du moins dans son
tronc, même malgré une augmentation considérable de froid extérieur,

il

il engendre des degrés de chaleur
égaux à l'augmentation du froid; cependant à la fin, il est constant que sa
température naturelle déchoue ; &
si le froid vient à augmenter davantage, l'augmentation de sa chaleur
innée se fera dans une proportion
successivement toujours moindre
que celle du froid, jusqu'à ce qu'enfin elle arrive au point de n'être plus
susceptible d'aucune augmentation.
Parvenuë à cette extrémité, si l'on
suppose que le froid augmente encore davantage, il est aisé de voir
que sa chaleur innée doit diminuer
par dégrés, jusqu'à ce qu'enfin
il ne lui en reste plus & qu'il meure.

C'est quelque chose de fort remarquable que la prodigieuse quantité de chaleur que quelques animaux peuvent engendrer. M. de

Maupertuis rapporté dans le Jour-
nal de son voyage * que les Acadé-
miciens François envoyés pour déterminer la figure de la terre qui ont
passé l'hyver à Torneo par les 65°,
51', en 1746, ont éprouvé un degré
de froid qui faisoit descendre le
Mercure dans le Thermomètre de
M. de Reaumur, à 37° au-dessous du
degré de la glace, ce qui revient environ à 33° au-dessous de 0 , selon
le Thermomètre de Fahrenheit.

Or dans un *Medium* dont la température est réduite à un si grand
froid , un animal chaud ne peut pas
y conserver sa température naturelle qui ne varie jamais beaucoup
dans l'état de santé , au moins dans
son tronc , sans engendrer un dégré
de chaleur égal à l'excès de cha-

* Figure de la Terre, pag. 98.

leur de l'huile bouillante au-deſſus du dégré de l'eau à la glace. Mais Torneo eſt ſous le cercle polaire de ce côté-là; & ſelon les relations des Voyageurs, nous ſçavons qu'il y a des animaux chauds bien au-delà, d'où l'on peut conclure que la quantité de chaleur dont certains animaux ſont ſuſceptibles, peut être encore beaucoup plus conſidérable.

Or, d'après ces phénomènes, & moyennant les obſervations précédentes, on peut aiſément démontrer la propoſition ſuivante, ſçavoir, que *la chaleur animale eſt engendrée par le froiſſement des globules de notre ſang contre les Parois des extrémités capillaires.* Pour mettre cette démonſtration dans tout ſon jour, & pour que l'on puiſſe avoir une idée claire & diſtincte de

tous ses différens degrés , je réduirai
en quatre Lemmes les argumens
dont elle dépend immédiatement.

LEMME PREMIER.

La chaleur *d'un animal n'est point
engendrée par le froissement mutuel de ses fluides & de ses solides.*

CEci est confirmé par les *Phénomènes* précédens ; en effet , ils
nous apprennent que le mouvement du sang peut subsister avec
beaucoup d'énergie , malgré l'abolition totale de la chaleur animale ;
d'où il suit nécessairement que le
froissement mutuel des fluides &
des solides , qui dépend immédiatement de ce mouvement du sang ,
ne peut en aucune façon être pris
pour sa cause.

Peut-être m'objectera-t-on que l'énergie de la circulation du sang d'un animal dans un *Medium*, d'une température égale à celle de son corps, est de beaucoup diminuée par le relâchement des extrémités capillaires. Mais quand même cette objection auroit lieu, si la friction mutuelle des fluides & des solides étoit la cause productive de la chaleur animale, on ne pourroit en conclure autre chose qu'une diminution proportionnelle de cet effet, & non pas sa destruction, ou son abolition entiere.

Pour plus grande solution, passons pour un moment dans les Pays chauds, dans nos Colonies, par exemple, où malgré la température aride du Climat, & les chaleurs brûlantes du Midi, les Escla-

ves font le plus souvent obligés de
suivre les travaux les plus rudes &
les plus pénibles ; n'est-ce pas là
une preuve des plus convainquan-
tes, que le mouvement du fang
peut fubfifter avec une forte énergie, quoique dans un *Medium*
fort chaud. D'un autre côté
nous fçavons que pendant les
plus rudes gelées, circonftan-
ce dans laquelle la chaleur animale eft dans toute fa plus grande
vigueur, la vélocité de la circulation n'eft point du tout affoiblie, à
caufe du grand refferrement des
extrémités capillaires. Du moins
fera-t-on forcé de fe rendre à la
grande variété du mouvement du
fang dans les différentes parties du
corps ; elle feule prévient toutes
les objections de cette nature fur
lefquelles on pourroit compter :

prenons les Poulmons pour exemple : en effet , on peut bien fuppofer que dans ce vifcère le fang
circule avec une viteffe trente fois
plus grande que dans les doigts ;
cependant malgré cette différence,
fi la température de l'animal & celle
de fon *Medium* fe rapportent au
même degré , ces deux parties fe
trouveront au même degré de chaleur ; d'où il fuit clairement que
quand même on pourroit fuppofer
que la circulation du fang dans les
doigts auroit acquis trente fois plus
de viteffe dans un pareil *Medium* ,
cette augmentation n'auroit encore
aucun effet fenfible pour engendrer
de la chaleur dans les doigts ; or fi
trente degrés de viteffe de plus
dans la circulation , ne font capables de produire aucun effet , un

C iiij

furcroit d'augmentation de trente
degrés encore en fus, ou ce qui
revient au même une augmentation de foixante degrés de viteffe,
ou même de cent-vingt, qui font le
quadruple de la premiere augmentation, fera également fans effet,
c'eft-à-dire, que la viteffe du mouvement du fang quelque rapide
qu'elle puiffe être, pourvû qu'elle
n'excéde pas au point de devenir
incompatible avec la vie de l'animal; cette viteffe, dis-je, ne peut
en aucune façon concourir à la
production de fa chaleur innée.

Ceci s'accorde avec une expérience également concluante &
bien confirmée, fçavoir que ni le
fang, ni toute autre liqueur quelconque, ne peuvent engendrer aucune chaleur fenfible, à quelque for-

te agitation méchanique, ou à quelque violent froissement que l'on puisse les soumettre.

LEMME SECOND.

La génération de la chaleur animale n'est point du tout l'effet d'aucun MOUVEMENT INTESTIN dans le sang.

CEtte proposition n'est pas moins évidente que la précédente. En effet, la chaleur animale est sujette à tant, & à de si grandes variétés qu'elle ne pourroit exister sans un certain degré de froid extérieur ; or son énergie étant entiérement dépendante de la grandeur de ces degrés qui en font en même-tems la regle, elle ne peut jamais

correspondre à une cause telle que
le mouvement intestin : cause qui
de sa nature doit être constante &
uniforme dans tous ses progrès,
tant que l'animal est en bonne santé, ou du moins dont les irrégularités, si même elle peut en être susceptible dans un pareil état, ne
peuvent être que très-foibles ; enfin on ne peut pas même supposer,
sans choquer tout-à-fait la raison,
que ces irrégularités dépendent des
degrés de froid extérieur, ni qu'elles leur soient proportionnées. En
effet, nous sçavons que le froid re-
tarde les fermentations, il leur est
contraire, bien loin de les avan-
cer ; & les liqueurs susceptibles de
quelque effervescence, le sont à
peine dans leur action, de l'influence du chaud ou du froid. Enfin le

ſang d'un animal tiré dans quelque
ſaiſon que ce ſoit de l'année, ne
produit aucune chaleur. * D'ail-

* Il eſt bon de remarquer ici que dans cette
circonſtance, bien loin que les particules intégran-
tes du ſang ayent naturellement cette force de ſe
contracter, & de ſe repouſſer les unes les autres,
requiſe pour produire une auſſi grande chaleur
que celle qui, comme on le ſçait, peut être engendrée par un animal, elles ont au contraire une
tenſion à s'approcher mutuellement les unes des
autres, à moins qu'elle ne ſoit détruite par quelque
mouvement méchanique. En vain objecteroit-on
que dans cet état le mouvement inteſtin eſt privé
de ſon *Pabulum*, que quelques-uns ont imaginé
être le chyle, car perſonne n'ignore qu'un animal
quoique vivant peut être effectivement privé de
ce *Pabulum*, non-ſeulement pendant des heures,
mais même pendant des jours entiers, ſans qu'il
ſurvienne pour cela aucune interruption à la génération de la chaleur. D'ailleurs, que l'on prenne
du lait, qui eſt la liqueur de toutes, la plus analogue au Chyle; ou ſi l'on veut du Chyle même
tiré des veines lactées d'un animal vivant, qu'on le
mêle avec du ſang extravaſé, on verra qu'il ne
réſulte de ce mélange aucune ſorte d'efferveſcen-

leurs , comme tout mouvement intestin produit un changement total
dans la nature des corps soumis à
son action ; si l'action de ce préten-
du mouvement intestin du sang ,
étoit proportionnée & reglée sur
certains degrés de froid , la constitution de ce fluide devroit être
bien différente, selon que l'énergie

ce , & qu'il ne produit pas même la moindre chaleur. On ne seroit pas mieux fondé à objecter que
le sang sorti de ses vaisseaux cesse de faire aucune
effervescence , parce qu'il est alors privé du mouvement méchanique , dont l'action pouvoit l'ai-
der à cet effet, tant qu'il circuloit dans le corps.
En effet , quelques degrés de pareil mouvement
que l'on puisse lui communiquer, l'événement sera
toujours le même. J'ajoûterai de plus , que le
mouvement méchanique n'a que très-peu d'effet
dans la production de la chaleur, qui résulte des
autres sortes d'effervescences ; & que les chaleurs
les plus violentes sont engendrées dans des corps
parfaitement en repos , si l'on en excepte le mouvement causé par l'effervescence.

de cette action le seroit elle-même : or on sçait que quand cette énergie a assez de force pour engendrer 80° de chaleur, par exemple, le sang demeure toujours le même fluide, & conserve toutes ses mêmes propriétés, que lorsqu'elle n'en peut engendrer que 40°, 20°, 10°, ou même point du tout. Je dois cependant prévenir le Lecteur que je n'entends point du tout insinuer par-là, qu'il n'y ait aucun mouvement intestin dans le sang. Je conviens qu'il seroit ridicule de croire que ce fluide soit tout-à-fait inert & sans aucune action ; nous avons quantité de raisons qui nous persuadent, au contraire, qu'il est continuellement soumis à une fermentation douce qui dispose d'abord le Chyle à s'assimiler en substance animale, & qui après diffé-

rentes épreuves, rend enfin cette
substance même si étrangère à la nature de l'animal, qu'elle lui deviendroit nuisible si elle n'étoit évacuée.
Je me borne donc à soutenir que ce
ferment n'est point du tout capable
d'exciter dans le sang aucun degré
sensible de chaleur : comme le prouvent les Phénomènes énoncés ci-
dessus.

LEMME TROISIEME.

*La CHALEUR d'un animal n'est
point engendrée par l'attrition mutuelle de ses parties solides, les
unes contre les autres ; si l'on en
excepte seulement celle des Globules avec les EXTRÉMITÉS CA-
PILLAIRES.*

ON peut réduire de la maniere
suivante toute sorte de froissement

quelconque d'un folide contre un autre , exiftant dans un animal : fçavoir , 1°. L'action des Mufcles. 2°. Le jeu des Articulations. 3°. Le mouvement des Vifcères. 4°. La pulfation des Artères. 5°. Lofcillation des Fibres , fi réellement elle exifte: 6°. les collifions des Globules les uns contre les autres , & contre les Parois des vaiffeaux dans lefquels ils circulent : 7°. Le froiffement des Globules contre les Parois des extrémités capillaires. Or , fuivant notre Obfv. III. fi l'on en excepte cette derniere forte de friction ou de froiffement , les Phénomènes précédens prouvent que toutes les autres peuvent fubfifter , avec beaucoup d'énergie , même dans un Animal dont la chaleur naturelle eft tout- à fait éteinte, également que lorsque cette chaleur est dans toute sa force & dans toute sa vigueur : d'où je conclus que toutes ces différentes sortes de froissemens ne peuvent être réputées avoir aucune part à la production de la chaleur, excepté celle sur laquelle nous nous sommes réservés.

LEMME QUATRIEME.

Les QUANTITÉS de friction des Globules dans les EXTRÉMITÉS CAPILLAIRES d'un animal, sont proportionnelles aux degrés de sa CHALEUR INNÉE.

SElon notre troisiéme observation, le froissement des globules cesse dans les extrémités capillaires, immédiatement aussitôt que la température

pérature de l'animal & celle de
son *Medium* se rencontrent dans le
point de coincidence, c'est-à-dire,
selon notre premiere définition lorfqu'il n'y a encore aucune génération
de chaleur ; d'où il fuit que le même
degré de chaleur extérieure borne
également, & cette friction & la
génération de la chaleur : or il est
évident qu'à ce degré de chaleur
extérieure qui n'est pas plus grand
qu'il ne doit l'être pour relâcher les
extrémités capillaires, feulement
au point de n'avoir plus aucune
friction à essuyer de la part des
Globules qui les traversent, le diamètre de chaque Globule doit être
autant qu'il est possible, moindre
que celui de ces extrémités capillaires. En ce cas chaque Globule
ne peut toucher la surface inté-

rieure de ces extrémités capillaires que dans un seul point. Or le plus petit degré déterminable de chaleur, moindre que celui dont nous venons de parler, pour peu qu'il resserre les extrémités capillaires, doit occasionner dans les mêmes proportions un petit degré de friction; parce qu'en ce cas, le diamètre de chaque Globule étant au moins égal à celui de son extrémité capillaire, doit le toucher dans une plus grande surface. Par la même raison un degré de froid encore plus sensible doit selon les mêmes principes rendre le diamètre de ces Globules encore plus grand que celui des extrémités capillaires qu'il a à traverser; ce qui doit nécessairement occasionner une friction encore plus considérable, non-seulement parce que le

contact du Globule se fait sentir sur
une plus grande surface de l'extrémité capillaire ; mais encore à
cause de leur preſſion mutuelle l'un
contre l'autre. Toutes ces raiſons
nous font clairement appercevoir
que l'intenſité du froiſſement des
Globules avec les extrémités capillaires , doit augmenter dans les
mêmes proportions que le froid
devient plus conſidérable , depuis
les limites aſſignés ci-deſſus , juſqu'au point où l'animal conſerve
encore une juſte énergie dans la
circulation de ſes fluides ; il eſt vrai
que plus le reſſerrement des extrémités capillaires ſur un Globule lui
fait perdre de ſa figure ſphéri-
que , pour lui en faire prendre
une ſphéroïde , plus il acquiert
de force pour réſiſter à un pareil

changement : cependant les degrés de conftriction de ces petits
tuyaux ne peuvent pas augmenter
dans les mêmes proportions que le
froid augmente lui - même ; mais
pour suppléer à ce défaut, plus le
Globule eft ovale , plus le même
degré de conftriction a d'effet pour
augmenter la furface de fon contact avec l'extrémité capillaire :
or le froid augmentant de plus en
plus cette conftriction des extrémités capillaires, & par la même
raifon la réfiftance des Globules,
il eft évident que la vélocité de
leur mouvement au travers de ces
tuyaux doit enfin s'affoiblir de
plus en plus, à mefure que l'obftacle
devient plus confidérable. D'où il
réfulte que l'augmentation de friction perd de plus en plus de fa

proportion avec celle du froid, jusqu'à ce qu'enfin elle perde autant de son état par la diminution de vélocité, qu'elle en gagne par l'augmentation de surface & de pression; en ce cas la friction ne peut plus du tout augmenter avec le froid, puisqu'elle est parvenue à son plus grand degré possible, ou ce qui est le même, au point de ne pouvoir passer outre. Enfin si l'on suppose que le froid augmente encore, il est évident que la même cause, c'est-à-dire, la diminution du mouvement du sang qui rendoit la friction incapable d'une plus grande augmentation, acquérant avec le froid, une force de plus en plus grande, doit alors s'affoiblir insensiblement, & par degrés; jusqu'à ce que l'excès

de conſtriction arrête tout-à-fait &
la circulation & les frictions.

Il y a dans la génération de la chaleur des périodes analogues à tous
ceux de la friction des Globules dans
les extrémités capillaires. Nous a-
vons déjà vû comment le même degré de chaleur extérieure leur ſert
de limite à tous deux. Nous avonsvû
de même , que depuis cette limite
l'augmentation de la chaleur innée,
& celle de cette friction ſont égales à celles du froid juſqu'à un certain degré ; enfin que ces aug-
mentations s'affoibliſſent enſuite
de plus en plus , à proportion de
l'augmentation du froid, juſqu'à
ce qu'elles ſoient parvenues à leur
plus grand degré de force, d'où
elles tombent enſuite inſenſible-
ment , & par degrés à meſure que

le froid augmente, & s'anéantissent au point que l'animal meurt,
& qu'elles cessent en même-tems
tout-à-fait.

Mais outre que c'est la vitesse
de la circulation du sang qui régle
& qui détermine les différens périodes de cette friction, c'est encore elle qui gouverne ceux de la
génération de la chaleur qui y
correspondent. Les Phénomènes
énoncés ci-dessus, nous apprennent
que depuis les limites de sa chaleur
innée, un animal en engendre beaucoup qui est proportionnelle & égale aux limites du froid jusqu'à un
certain degré ; ce degré varie dans
les différentes parties d'un animal,
& dans différens animaux encore
relativement à la vitesse de leur
circulation plus ou moins grande

dans les uns que dans les autres, & dans certaines parties que dans d'autres. Bien plus le même animal peut à son plaisir en fixer l'étendue à différens degrés de froid, selon qu'il juge à propos de retarder ou d'accélérer le mouvement de son sang, soit par le repos, soit par l'exercice, ou par toute autre cause selon les vuës qu'il se propose. Enfin la température d'un animal chaud ne dégénère jamais de son état naturel, que la vitesse de la circulation ne souffre en même-tems une altération proportionnelle. En ce cas, plus sa température s'altère & s'éloigne de son état naturel, plus la vitesse de la circulation se ralentit. En un mot, depuis les limites de froid extérieur dans lesquels la chaleur innée d'un animal

mal peut parvenir à son plus grand degré de force, dans tous ses différens états, on peut conclure à bon droit qu'elle diminue dans les mêmes proportions que la vitesse de la circulation du sang, jusqu'à ce qu'enfin, l'une & l'autre s'anéantissent, & que l'animal meure.

Cela nous apprend donc que la chaleur innée d'un animal & la friction des globules dans ses extrémités capillaires, (qui, toutes choses égales d'ailleurs, est proportionnelle à la vitesse du mouvement de ces globules,) ont non-seulement des périodes similaires & relatifs les uns aux autres, depuis celui de froid extérieur dans lequel elles cessent toutes deux (à cause de la trop grande foiblesse de la constriction

E

des tubes capillaires) jusqu'à cet autre dans lequel leur ttop grande constriction au contraire produit le même effet , mais encore que ces périodes sont de part & d'autre reglés & déterminés par une seule & même cause; je veux dire la vitesse du mouvement dusang. D'où il s'ensuit évidemment qu'ayant en commun le même principe, le même accroissement , le même décroissement & la même fin , elles sont proportionnelles l'une à l'autre , & paroissent à tous égards avoir la même cause & le même effet.

Nota. Nous examinerons ci-après la maniere de concilier ceci avec les différens degrés de vitesse du mouvement du sang dans les différentes parties d'un animal , lorsque nous en serons à la partie synthétique de cet argument , dans laquelle la preuve de ce Lemme paroîtra aussi dans un plus grand jour.

THEOREME.

La CHALEUR *animale est* ENGEN-
DRÉE *par la friction des globules
du sang dans les* EXTRÉMITÉS
CAPILLAIRES.

Cette proposition est un corol-
laire évident des quatre Lemmes
précédens. En effet, il est évident
que la chaleur animale doit être
produite, ou par la friction des fluides contre les solides, ou par la
friction mutuelle des solides les
uns contre les autres, ou bien enfin par un mouvement intestin
quelconque. Or suivant le Lemme
premier, elle n'est point engendrée par la friction des fluides contre les solides. Suivant le second,
elle ne peut être l'effet d'aucun

mouvement intestin du sang, &
suivant le troisiéme, elle ne peut
être produite par aucune espèce de
friction des solides les uns contre
les autres, excepté seulement celle
des globules dans les extrémités
capillaires. Enfin suivant le Lemme
quatriéme, les quantités de cette
friction sont proportionnelles aux
degrés de chaleur engendrée. Il
n'y a donc, conséquemment aux
prémisses énoncées ci-dessus, que
cette friction des Globules dans les
extrémités capillaires, que l'on
puisse regarder comme la seule &
unique cause de la chaleur animale.
(Q. E. D.)

Après avoir ainsi découvert, tant
au moyen de quelques-uns des
Phénomènes de la chaleur, que
de quelques observations généra-

les , que l'attrition des globules de
notre fang dans leur paffage au
travers des extrémités capillaires ,
c'eft-à-dire , au travers de certains
petits tubes d'un moindre diamètre que le leur , eft la caufe de la
chaleur animale , il ne me refte
plus qu'à mettre cette théorie dans
un plus grand jour , & à la démontrer d'une maniere également concluante & décifive. Pour le faire a-
vec plus d'exactitude, & éluder toutes les difficultés que l'on pourroit y
objecter , je m'attacherai dans la
fuite de ce traité à faire voir avec
combien de facilité & de précifion
en même-tems l'on peut réfoudre
tous les autres Phénomènes, moyennant la caufe que nous avons affi-
gnée ; & combien il feroit impof-
fible d'en rendre raifon par toute

E iij

autre cause quelconque ; & pour le faire avec ordre , je rangerai tous ces Phénomènes sous différentes classes qui feront la matiere des sections suivantes.

SECTION PREMIERE.

De la Dilatation , *& de la* Contraction *des* extrémités capillaires *d'un animal, relativement à* la génération *de la* chaleur.

Nous avons vu qu'un animal chaud conserve une température uniforme depuis les limites de sa chaleur innée , jusqu'à un certain dégré de froid successif. Nous avons vu en même-tems que ses extrémités capillaires essuient dif- férens degrés de contraction , & que cette contraction est proportionnelle à l'augmentation du froid depuis fes limites. C'eft-là un Phé-nomène qui doit paroître d'a-bord d'autant plus furprenant que jufqu'ici l'on n'y a fait aucune at-tention ; favoir, qu'un corps qui jouit d'un dégré uniforme de cha-leur foit encore fujet aux mêmes viciffitudes de contraction & de dilatation, relativement à la dif-férente température de fon *Me-dium*, que s'il étoit lui-même d'une température variable. Ce-pendant fi l'on y fait bien atten-tion, on reconnoîtra qu'il eft d'une conféquence abfolue de la chaleur innée d'un animal qu'elle foit & dépendante & proportionnée aux différens degrés de contraction de ces petits tuiaux. En effet, pour peu que le froid agiffe fur le

corps d'un animal chaud , il y occasionne nécessairement un degré
proportionné de constriction , selon qu'il en altère plus ou moins
la chaleur : Or de cette constriction des extrémités capillaires, il
en résulte nécessairement une friction mutuelle contre les globules
qu'elles contiennent ; & l'effet de
cette friction doit être , comme
nous l'avons dit , de produire de la
chaleur. Mais comme la quantité
de chaleur innée peut être égale à
celle du froid , il s'ensuit évidemment , par la même raison, que la
température absolue de l'animal
peut ne souffrir aucune altération ,
& que malgré cela cependant la
constriction ait lieu. Car en supposant que cela n'arrivât pas , selon
cette hypothèse , la créature se-

roit fujette à une altération de chaleur : or, on fçait que l'altération de la chaleur, ou ce qui revient au même, l'acceſſion du froid fans aucune conſtriction, eſt contraire à ce que l'on éprouve tous les jours. Ainſi la déprédation de la chaleur dans un animal, la contraction de ſes extrémités capillaires & ſon effet, c'eſt-à-dire, le remplacement de cette déprédation étant parfaitement fynchrônes, ſa température peut demeurer uniforme. Par ce moyen le froid extérieur en reſſerrant, & la chaleur au contraire en relâchant les extrémités capillaires d'un animal ſe contrebalancent réciproquement chacun dans leur action, ou ſi l'on veut deviennent le remède l'un de l'autre.

Quant à la mesure de ce resserrement ou de ce relâchement , il est
évident que l'effet doit être le même
qu'il auroit été si la température
de l'animal avoit été réduite à celle
de son *Medium* : On doit cependant en diminuer la quantité qui
auroit pû être employée à résister
aux globules dans ces petits ca-
naux. Mais on n'en doit excep-
ter rien autre chose , comme capable d'y résister , puisque les quantités de chaleur produites par ces
degrés de resserrement ou de relâchement ne le peuvent pas. D'où
je conclus qu'en diminuant seulement la résistance des globules dont
nous venons de faire mention , le
même degré de resserrement ou de
relâchement doit produire son effet
comme s'il n'y avoit point du tout

de chaleur engendrée , ou , ce qui revient au même , comme si la température de l'animal étoit en coincidence avec celle de son *Medium.*

Ceci souffre cependant encore une exception , voici en quoi elle consiste : lorsque la quantité de chaleur que peut engendrer un pareil degré de constriction ou de relâchement , est plus grande que la quantité du froid ; (qu'il me soit permis de rappeller ici que ces deux quantités doivent s'apprécier l'une & l'autre par les limites de la chaleur innée) en ce cas il n'y a qu'une portion de cette constriction ou de ce relâchement propre à engendrer une quantité de chaleur précisément égale à ce froid , qui puisse réellement produire quelque effet , & pas davantage ;

parce que la température de l'animal doit s'élever au-dessus de son
état naturel, précisément dans le
même degré que l'on peut suppo-
fer que la chaleur est excessive.
Or il est évident que cet excès
doit nécessairement occasionner un
relâchement qui lui sera proportionné. Mais il est évident aussi
que le resserrement & le relâchement doivent détruire réciproquement les effets l'un de l'autre, &
par ce moyen agir sans effet. Et
c'est-là pourquoi que dans certaines circonstances, quoique
cette constriction puisse n'avoir
pas assez de vertu pour engendrer une quantité de chaleur
égale au froid; (ce qui arrive
à tous les animaux froids, dont la
température varie dans les mêmes

proportions que celle de leur *Medium*) cependant elle ne peut jamais engendrer une chaleur plus grande. Ce méchanisme aussi admirable que simple oppose à la température des animaux chauds, une barriere qu'elle ne peut jamais excéder dans quelque degré de chaleur extérieure que ce soit, au-dessous de leurs limites respectifs.

Revenons à notre question. Si la chaleur animale étoit produite ou par un mouvement intestin dans nos fluides , ou par le froissement méchanique de ces fluides contre les Parois des vaisseaux dans lesquels ils circulent , (comme ces causes peuvent agir indépendemment de la contraction ou de la dilatation des extrémités capillai-

res dans l'état de santé) il est évident que les différentes mesures de
cette contraction ou de cette
dilatation feroient exactement
proportionnelles aux degrés de
froid ou de chaud inhérens dans
le même animal ; c'est - à - dire ,
que nos extrémités capillaires ne
feroient pas plus refferrées dans un
tems de gelée que dans un autre
tems ou la chaleur feroit à un degré égal à la température naturelle
de notre fang. En effet fi quelqu'un
veut en faire l'expérience , il reconnoîtra que fon tronc eft pour le
moins auffi chaud dans le premier
cas que dans le fecond.

Or comme il n'y a que les extrémités capillaires feulement dont
les conftrictions foient néceffaires
à la génération de la chaleur , il

s'enfuit de-là que fi on les excepte,
les autres vaiffeaux ne doivent fe
contracter qu'à proportion feulement de leur chaleur inhérente,
à moins qu'ils n'entrent en fympa-
thie avec les extrémités capillaires;
en effet, on ne peut expliquer nos
fenfations de chaud & de froid que
par les différens degrés de conftriction ou de relâchement des extrémités capillaires, comme nous
le ferons voir ci-après. Et il eft évident que les effets de la chaleur &
du froid extérieur qui ont rapport
à la tranfpiration, à la fueur, &
aux autres fecrétions, ne peuvent
s'appliquer qu'à des tuiaux très-
petits. De plus, la différence
qui réfulte de l'action du froid
ou du chaud extérieur fur le
volume de nos corps, fuffit

pour rendre raison des différens
degrés de la contraction, & de
la dilatation de ces petits tuyaux
capillaires ; ce qui doit bien à juste
titre nous authoriser à exclure
toutes sortes de plus gros vaisseaux
de la production de ces différentes
affections, du moins autant que l'on
peut compter sur leur propre température : au moins n'y a-t-il aucune
expérience qui prouve le contraire.

Enfin, qu'un animal chaud conserve une température uniforme
depuis les limites de sa chaleur
innée jusqu'à une grande étendue
de froid successif ; & que de plus,
ses artères capillaires se contractent proportionnellement à l'augmentation de ce froid depuis ces
limites, c'est un Phènomène qui
indique

indique évidemment que la génération de la chaleur animale a son
siége dans ces vaisseaux capillaires
mêmes en contraction ; que sa
cause immédiate dépend directement de la mesure de cette contraction, ou de cette dilatation,
& lui est en même-tems proportionnée ; Qu'un certain degré de
relâchement dans ces petits tuyaux
détruit tout à la fois cette cause ;
que depuis ce degré, cette cause a plus ou moins d'effet, relativement aux différens degrés
d'intensité de cette constriction :
toutes ces différentes modifications, dis-je, suivent nécessairement de ce Phénomène, sans
quoi il seroit impossible d'en
rendre raison ; ou plutôt, on ne
pourroit les regarder autrement

que comme autant de miracles. Par ce moyen au contraire, nous connoissons la cause de la chaleur animale aussi clairement, & aussi évidemment qu'il est possible, sans être seulement obligés de recourir à l'aide du Microscope, ou plutôt sans qu'il nous soit pour cela besoin d'aucune autre chose que de ce qui résulte de ce simple Phénomène.

SECTION SECONDE.

De la génération de la chaleur, rélativement à la grandeur différente des Animaux.

ON sait que toutes choses égales d'ailleurs, certains corps se réfroidissent plus ou moins vite à proportion de la surface qu'ils présentent au *Medium* qui les ra-

fraîchit : mais comme les surfaces
des corps ne décroissent pas si vite
que leur volume (qui décroissent en
raison triple , au lieu que les surfaces décroissent en raison double de
leur diamètre respectif) c'est pour
cette raison que les tems du refroi-
dissement des corps sont *cœteris
paribus* , comme leurs diamètres
respectifs. C'est à M. Newton que
nous sommes redevables de cette
observation *Globus major*, dit-il , *

* Voyez Princip. Matth. p 509. Il est vrai que
ce grand Philosophe ajoute immédiatement
après ; *suspicor tamen quod duratio caloris ob causâ,
latentes augeatur in minore ratione quam illa diametri ; & optarim rationem veram per experimen-
ta investigari.* Mais le D. Martin qui a fait là-
dessus quantité d'expériences pour s'assurer de
la faculté qu'ont les corps de conserver leur chaleur relativement à leur diamètre respectif, a
trouvé son observation très-juste , voyez son essai
on the heatling ad cooling of Bodies.

calorem diutius conservaret in ratione diametri; propterea quod superficies, ad cujus mensuram per contactum aeris ambientis refrigeratur, in illa ratione minor est pro quantitate materiæ suæ calidæ inclusæ. Les grands animaux doivent donc perdre beaucoup moins de leur chaleur que les petits de la même température : & cette perte se doit faire en raison juste de leurs diamètres, toutes choses d'ailleurs égales. Or, comme la densité des corps de tous les animaux, est à-peu-près la même, nous pouvons conclure par la même raison, indépendemment de la différence accidentelle qui peut se trouver dans leur taille ou dans leur forme particuliere, (dont on peut bien ne pas s'embarrasser beaucoup ici, étant de trop

peu de conséquence pour la solution de notre problême) nous pouvons conclure, dis-je, que les animaux de la même température
souffrent une déperdition de chaleur en raison inverse de leur diamètre. Mais, comme dans un animal vivant, le remplacement de la
chaleur doit être équivalent à la
perte qui s'en est faite, il suit évidemment de-là que les quantités
de chaleur engendrées par des animaux de la même température,
sont volume, pour volume, en
raison inverse de leur diamètre.

Or, si la friction des globules
contre les Parois des extrémités capillaires, est la cause de la chaleur
animale, les quantités de cette
friction dans les animaux de différentes grandeurs doivent être de

même en raison inverse de leur diamètre , & c'est ce qui arrive réellement ; en effet , comme les globules du sang sont du même volume dans tous les animaux , ou à très - peu de chose près , leurs petits tuiaux capillaires doivent de même être dans tous d'un égal diamètre. Ceci est confirmé par les Observations de M. *Leeuwenhoeck.* Ce curieux Scrutateur des secrets de la Nature , a remarqué que les fibres musculaires d'une souris ont autant d'épaisseur que celles d'un Bœuf , * quoiqu'il faille au moins trente mille Souris en un monceau pour former ensemble le volume de cet autre animal. De plus ce même Observateur nous apprend que les

* Leeuwen. *Arcan. Nat. tom.* III. p. 64.

fibres des Mouches , des Mouche-
rons & des Fourmis , font tout-à-
fait auffi vifibles que ceux des plus
grands animaux *. Enfin il a ob-
fervé que les vaiffeaux du cerveau
d'un Moineau (qui font fi petits **,
que fi un feul globule de fang dont
un million n'excède pas la groffeur
d'un grain de fable , étoit divifé en
cinq cent parties , chacune de ces
parties feroit encore trop groffe
pour traverfer ces petits vaiffeaux)
ne font pas du tout plus petits que
ceux d'un Bœuf *** ; d'où il con-
clut qu'il n'y a réellement aucune
autre différence entre le cerveau
d'un grand animal & celui d'un
petit , que dans le nombre des

* *Leeuwenhoeck Arcan. tom. III. p.* 108.
** Idem ibid. tom. I. part. I. pag. 30.
*** Ibid. pag. 38.

vaisseaux relativement plus ou moins grand , & que les globules de sang qui les traversent sont dans l'un & dans l'autre de la même grosseur. *

Ceci posé , il est clair que les derniers genres de vaisseaux capillaires dans les animaux de différentes grandeurs , doivent être les uns aux autres, comme les aires de leurs sections transverses , qui de leur côté sont comme les quarrés de leurs diamètres respectifs ; mais comme la grandeur des animaux est en même raison que les cubes de leurs diamètres , il s'en-

* Il est aisé de voir que les dernieres ramifications des vaisseaux capillaires sont du même diametre dans tous les animaux , quelque différence qu'il y ait dans leur grandeur ; il est aisé de le reconnoître , dis-je , par la ressemblance des sécrétions des uns & des autres.

fuit clairement que la quantié refpective de cet ordre de vaiſſeaux,
volume pour volume, ſera de l'un
à l'autre en raiſon inverſe de leur
diametre.

Or, puiſque la quantité de chaleur
engendrée par la friction , eſt *cæteris
paribus*, comme ſa ſurface, & que la
ſurface de la friction dans les extrêmités capillaires des Animaux eſt en raiſon de la quantité des extrêmités capillaires; (de même la quantité de chaleur engendrée , & celle du dernier
ordre de vaiſſeaux capillaires dans
les Animaux de différente taille, étant
l'une & l'autre , volume pour volume, en raiſon inverſe de leurs diametres ,) il eſt aiſé d'expliquer pourquoi les Animaux de la même température engendrent des quantités de
chaleur en raiſon inverſe de leur dia-

G

metre, (en supposant que le siége
de la chaleur soit uniquement borné
à cet ordre de vaisseaux capillaires.)

Mais quoique la transparence qui
résulte de l'extrême petitesse des particules de nos fluides dans les vaisseaux séreux & lymphatiques nous
empêche de distinguer aussi bien
avec le Microscope les extrêmités
capillaires de ces deux genres de
vaisseaux, comme nous pouvons faire celle des vaisseaux sanguins ; *
cependant on peut en conclure la

* Une preuve que les vaisseaux séreux & lim-
phatiques ont des extrêmités capillaires, c'est
que ces vaisseaux sont également susceptibles de
différens degrés de resserrement & de relâchement, selon qu'ils son différemment & plus ou
moins affectés du chaud & du froid extérieur,
sans que pendant tout ce temps-là leur propre
température cesse d'être uniforme & la même.
Le tronc d'un homme par exemple, conserve une

même chofe, foit que nous bornions pour un moment le fiége de la génération de la chaleur dans les extrêmités capillaires des vaiffeaux fanguins feulement , ou (comme nous avons véritablement lieu de le croire, que nous l'étendions de plus jufques dans les plus fins genres de vaiffeaux. En effet fi l'on confidére

température affez égale, depuis les limites de fa chaleur, qui eft d'environ 98 degrés, jufqu'à un froid beaucoup plus violent que celui où l'eau commence à fe glacer. Cependant les vaiffeaux fereux & lymphatiques de la peau font autant refferrés ou relâchés par la rémiffion ou par l'intenfité du froid, ou de la chaleur extérieure, que fi leur propre température étoit fujette à une variation conftante. Ceci eft confirmé par les phénomenes des fécretions cutanées. Ces fortes de vaiffeaux doivent donc avoir des extrêmités capillaires, comme nous l'avons vû dans la fection précédente. En effet s'ils n'en avoient pas, la mefure de leur refferrement devroit être proportionnée à leurs degrès de chaleur inhérente.

séparément chaque genre de vaisseaux dans les Animaux de différente taille, comme autant de corps conoides similaires, cette raison, (je veux dire le rapport des quarés de leurs diametres) ne pourra avoir lieu que parmi les sections correspondantes de ces corps, dont celle du dernier ordre de vaisseaux capillaires en est une, en tant qu'elle constitue leur base respective. Mais quoique les sections de l'autre genre analogue de vaisseaux capillaires qui ne sont pas correspondantes, doivent véritablement sortir de ce rapport qui augmente dans les Animaux d'une grande taille, en tant que dans ces Animaux ces sections doivent être à proportion plus près de la baze ; néanmoins (comme la vîtesse du mouvement des fluides au travers d'un cône, eſt d'autant moindre que ſes ſections ſont plus grandes) il eſt évident que ce qui manque dans la viteſſe du froiſſement , ſe trouve exactement compenſé par l'accroiſſement proportionnel de ſa ſurface , puiſque cette ſurface eſt en même raiſon que le nombre des extrêmités capillaires , & que ces extrêmités capillaires ſont comme les aires de leurs ſections tranſverſes.

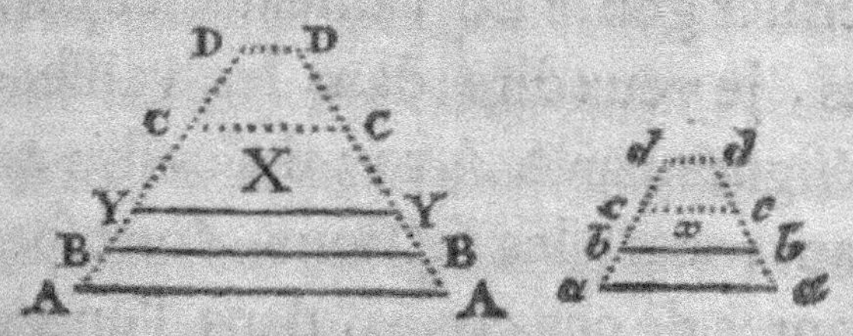

Une demonſtration pourra rendre ceci plus intelligible : pour cet effet,

suppofons deux corps conoides fimi-
laires X x qui repréfentent refpecti-
vement les deux fiftêmes de vaiffeaux dans des Animaux de différente taille : foient A A a a, le dernier
genre de vaiffeaux capillaires : B B
b b, le genre fuivant : C C c c, les
fectionsfimilaires de ces deux cônes.

Suppofons à préfent que ces deux
cônes foient pleins de liqueur fluide & que cette liqueur circule
avec une viteffe égale dans la
baze de chacun d'eux, ou dans le
dernier genre de vaiffeaux capillaires, je veux dire dans les vaiffeaux
défignés par A A aa ; il s'enfuit que
dans toutes les fections correfpon-
dantes de ces cônes, dans l'endroit
C C cc par exemple, & dans D D dd,
cette vélocité doit être pareillement
la même. Or le dernier genre d'ex-

trêmités capillaires dans X , c'eſt-à-
dire A A, ſera à un pareil genre d'extrêmités capillaires dans x , c'eſt-à-
dire a a , comme leurs ſections
tranſverſes , puiſque le diametre
des extrêmités capillaires eſt le même dans toutes ſortes d'Animaux ;
or ces ſections tranſverſes étant ſimi-
laires , elles ſont les unes aux autres
commes les quarrés de leur diametre. Mais parce que les cônes ſont
eux-mêmes comme les cubes de
leurs diametres, il s'enſuit clairement que ces genres de vaiſſeaux ,
c'eſt-à-dire , A A & a a , ſont l'un à
l'autre ſelon la proportion des cônes
dont ils ſont partie, en raiſon inverſe de leurs diametres ; or , comme
la quantité de friction qui engendre
la chaleur, eſt toutes choſes égales
d'ailleurs , en raiſon de la quantité

des extrêmités capillaires, il s'ensuit que la quantité de friction dans
ces genres d'extrêmités capillaires,
représentées par A A a a, doit pareillement être en même raison.

Mais si l'on veut supposer que la
génération de la chaleur soit bornée
aux genres d'extrêmités capillaires;
B B b b, en ce cas je dirai que les
quantités de friction dans B B b b,
sont en même raison que les quantités de friction dans A A a a. En
effet, supposons que y y b b soient
des sections similaires comme A A
a a, la vélocité des fluides dans B B
b b, doit être de l'un à l'autre en
même raison que dans A A a a;
d'où je conclus que les quantités de
friction dans y y & dans b b, doivent être en même raison que dans
A A, & dans a a. Or la quantité

de friction dans BB, est égale à la quantité de friction dans yy, puisque la vélocité du fluide dans yy, est d'autant plus grande que celle de celui qui est dans BB, que la section transverse de BB, est plus grande que la section transverse de yy. D'où s'ensuit que (la quantité de friction relative à la génération de la chaleur étant proportionnelle au rectangle de sa vélocité & à celui de sa surface,) les quantités de frictions sont égales dans BB & dans yy; or, les quantités de friction dans yy & dans bb, étant en même raison que les quantités de friction dans AA & dans aa, il s'ensuit que les quantités de friction dans BB & bb, sont en même raison que les quantités de friction dans AA & aa. C. Q. F. D.

Or, comme on pourroit fort aifément prouver la même chofe à l'é-
gard du troifiéme genre d'extrêmités
capillaires , de même encore à l'é-
gard du quatriéme , & ainfi de fuite,
&c. Il s'enfuit évidemment que la
conclufion doit être la même, foit
que l'on fuppofe la génération de la
chaleur bornée dans un de ces genres
de vaiffeaux feulement , ou qu'on
l'attribue indifféremment à tous :
C'eft-à-dire que la friction des globules dans les extrêmités capillaires
des Animaux de différente taille ,
eft, volume pour volume, en raifon
inverfe de leur diametre. Or comme leur déperdition & par la même
raifon leur remplacement de chaleur
fe font précifément dans la même
proportion , il s'enfuit évidemment
que les quantités de chaleur engen-

drée par des Animaux de différente taille, font en même raifon que les quantités de friction dans leurs extrêmités capillaires.

Quoique pour traiter cette matiere avec plus de facilité, j'aye fuppofé une parfaite reffemblance dans toutes les parties externes & internes des Animaux, à l'exception de leur volume, fur lequel feulement je me fuis réfervé, je préfume qu'il n'eft pas befoin d'obferver que l'on peut en toute fûreté n'y pas faire attention particulierement encore à l'égard de ceux qui font de la même fabrique & de la même température.

Nous voyons donc par-là que comme les Animaux perdent de leur chaleur en raifon inverfe de leur diamettre, la friction des glo-

bules dans leurs extrêmités capillaires est pareillement en même raison.
Ce phénomène entr'autres est celui
qui répand le plus grand jour sur cette théorie. En effet il démontre
évidemment que la friction dont
il est question, est la seule cause de la
chaleur animale ; ainsi par exemple,
si l'on suppose que le diametre
d'un Elephant soit à celui d'un petit Oiseau, comme cent est à un,
il s'ensuit que leur déperdition respective de chaleur se faisant dans
cette même proportion, la cause
qui engendre la chaleur dans l'Oiseau, doit agir avec une énergie
cent fois plus grande que dans l'E-
lephant, afin de compenser sa déperdition qui est cent fois plus grande. Suivant cette théorie, la friction des globules dans les extrémi-

tés capillaires de cette petite créature, est cent fois plus grande à proportion de son volume, qu'elle ne l'est dans l'Elephant.

Enfin, si l'on veut faire la même comparaison entre un Elephant & une Abeille, (insecte qui selon le Docteur Martin, * est de la même température que les Animaux chauds,) on trouvera une différence encore de beaucoup plus grande entre leur déperdition & leur remplacement de chaleur, & peut-être comme de mille à un.

C'est-là bien certainement une preuve également merveilleuse & convaincante que le corps des Animaux est l'ouvrage d'un Etre supérieur & aussi puissant que sage;

* *Essai on the varions degres of heat in Bodies.*

& que sa main a accompli toutes nos parties dans le dernier degré de précision , soit par rapport au nombre , au poids , &c.

Mais si la chaleur animale étoit l'effet de quelque mouvement intestin dans le sang , de quelle maniere pourroit-on expliquer pourquoi ce ferment existe dans les petits Oiseaux , par exemple , avec une énergie cent fois plus grande , & dans les Abeilles avec une énergie mille fois plus grande que dans les Elephans ; ne seroit-on pas naturellement porté à croire au contraire que cette énergie seroit de beaucoup plus efficace dans les vaisseaux incomparablement plus grands de ces Animaux monstrueux , que dans les petits tuyaux déliés & imperceptibles des insectes dont la plûpart ont à peine affez de diamettre pour recevoir un globule de fang de la premiere grandeur ? D'un autre côté, à quoi pourroit-on attribuer fuivant ce fyftême, la régularité furprenante de ces prétendus effets, fuivant lefquels elle doit exifter dans différens Animaux précifément en raifon inverfe de leur diametre ? Ne feroit-ce pas déplacer un ordre fi merveilleux que de le regarder comme l'effet de la fermentation qui n'en connoît point dans fes productions ? Enfin il feroit bien difficile d'affigner laquelle répugne davantage à une pareille caufe, de la grandeur ou de la régularité de la variation de la chaleur animale.

Enfin fi la chaleur animale étoit engendrée par le froiffement des

fluides contre les solides, ou par
les collisions mutuelles des globules &c. il s'ensuivroit nécessairement que ces causes qui dépendent
immédiatement du mouvement du
sang agiroient dans différens Animaux en raison inverse de leur diametre, c'est-à-dire, pour résumer
notre premier exemple, que le
mouvement du sang devroit être
cent fois plus grand dans l'Oiseau &
mille fois plus grand dans l'Abeille
que dans l'Elephant. Mais, outre
que nous sommes bien assurés, *à
priori*, de l'impossibilité d'une si grande différence dans le mouvement du
sang dans les petites ramifications
capillaires des Animaux de la même
fabrique & de la même constitution, quelque différence qui se
trouve dans leur volume, nous
sommes

ſommes redevables aux expériences du ſavant M. Hales, d'une preuve des plus convaincantes *à poſteriori*, que cette difference ne mérite aucune attention dans les derniers genres de vaiſſeaux capillaires. Nous ferons là-deſſus quelques remarques dans la Section IV.

SECTION TROISIEME.

Phénomenes de la chaleur animale dans les différentes parties du corps.

Nous avons vû ci-devant qu'un Animal conſerve ſa température naturelle, égale & uniforme depuis les limites de ſa chaleur innée, juſqu'à une certaine étendue de froid ſucceſſif ; mais cette étendue varie de beaucoup dans les différentes parties du corps ; en général c'eſt toujours dans le tronc qu'elle eſt le

plus considérable : Elle s'affoiblit
dans les autres parties plus ou moins,
à proportion qu'elles s'en éloignent.
Enfin elle est en particulier moindre
dans les mains, dans les pieds,
dans les poignets, dans la cheville
du pied, aux oreilles, à la face &c.
La raison en est claire. En effet, la
circulation du sang, toutes choses
d'ailleurs égales, est plus vîte dans
les parties voisines du cœur, & perd
insensiblement de sa vîtesse à mesure
qu'elle s'éloigne de ce centre ; de
sorte qu'elle ne peut être que très-
lente dans les parties qui en sont les
plus éloignées. Mais il y a une raison particuliere pour que la faculté
génératrice de la chaleur soit si foible dans ces parties ; c'est qu'elles
sont plus que toutes les autres gar-
nies de beaucoup d'os, de cartila-

ges, de tendons, de ligamens, toutes substances qui ne contiennent
qu'un très-petit nombre de vaisseaux, & dans lesquelles la circulation est extraordinairement lente
& foible. D'un autre côté les os &
les cartilages sont des corps durs &
solides, dans lesquels par conséquent les arteres capillaires ne peuvent pas avoir autant de force pour
se resserrer & se relâcher, selon les
différentes vicissitudes de froid &
de chaud, que ces vaisseaux en ont
ordinairement dans des parties plus
molles; la chaleur qu'ils engendrent, doit par conséquent être également incapable d'augmentation
ou de diminution; d'où je conclus
que puisque dans un *Medium* d'une
certaine température, ces parties
n'ont rien de commun avec les au-

H ij

tres parties de l'animal dans la génération de la chaleur, on doit par cette raison les regarder comme tout à fait ineptes à en engendrer du tout. Cependant quoique pour les raisons que nous venons d'alléguer, ces extrêmités soient de toutes les parties du corps les moins propres à engendrer de grandes chaleurs, cela n'empêche pas qu'elles ne soient propres à engendrer une quantité de chaleur égale à un certain degré de froid peu éloigné du limite. Nous avons déja vû dans la Sect. 1. pourquoi toutes les parties sont bornées à la production d'une certaine quantité au de-là de laquelle elles n'en peuvent engendrer davantage quelque grande qu'on puisse supposer leur puissance génératrice; & c'est précisément pour cette raison que dans un temps tempéré, toutes les parties du corps jouis-

fent d'une chaleur affez égale , quoique dans un grand froid il y ait réellement beaucoup de différence dans
leurs degrés refpectifs de chaleur.

Je compte ici pour rien la différence de volume qui fe rencontre
dans chaque partie du corps relativement les unes aux autres ; je ne
fais non plus aucune attention à la
variété qui doit conféquemment
furvenir dans leur déperdition de
chaleur ; en effet puifque nous
avons vû dans la fection précédente,
que tous les Animaux femblables,
quelque différence qui fe puiffe
trouver dans leur volume , ont tous
des quantités d'extrêmités capillaires proportionnelles à leur déperdition refpective de chaleur , en tant
que cette déperdition dépend de la
différence de leur volume ; il doit

en être de même entre les différens membres des mêmes Animaux de grandeur inégale que si leur figure & leur structure étoient semblables. C'est donc de la dissemblance de leur figure & de leur structure & non pas de celle de leur grandeur que dépend la différence qui se rencontre dans les facultés respectives qu'ils ont d'engendrer la chaleur.

Il est évident que la figure ou la forme d'une partie doit intéresser la génération de la chaleur en tant qu'elle affecte la grandeur de la surface par laquelle elle touche le *Medium* rafraichissant ; puisque c'est en raison de cette surface, toutes choses égales d'ailleurs, que se fait la déperdition de chaleur; en effet on sait que la même quantité de matiere chaude répandue sur une surface plus grande du double, souffre dans des temps égaux, une déperdition double de sa chaleur; si la même quantité est répandue sur une surface triple, la déperdition sera de même en raison triple, & ainsi de suite, &c.

Quoiqu'il en soit, l'on peut regarder les surfaces des différens membres du corps, en raison à peu près égale à leurs quantités de matiere, en tant qu'il s'agit de la forme ou de la figure, si l'on en excepte le Thorax. En effet outre la surface externe que cette partie présente à l'action du *Medium* rafraichissant, elle lui en expose intérieurement une encore beaucoup plus grande, s'il m'est permis de m'expliquer ainsi, & cela au moyen des poulmons. Selon le calcul de M. Hales * on peut supposer la sur-

* Voy. la *Statique des Végétaux.*

face des poulmons égale à une surface vingt fois aussi grande que la
surface extérieure de tout le corps ;
d'où s'ensuit qu'en supposant toutes
choses égales d'ailleurs, on doit
perdre vingt fois plus de chaleur par
la surface de ce viscere seulement ,
que par celle de toutes les autres
parties prises ensemble.

Mais ceci ne peut avoir lieu , parce que la petite quantité d'air que
nous respirons à la fois venant à passer au travers de la bouche , des na-
rines , de la trachée - artere & de
ses différentes ramifications dans la
substance vésiculaire des poulmons ,
est si subitement échauffée par sa
grande expansion , qu'elle acquiere
une chaleur de très-peu inférieure à
celle du sang même, auparavant que
nous puissions la transmettre au de-
hors

hors par l'expiration, particulierement celui qui touche immédiatement les véficules; d'où il eft
aifé de voir que la déperdition de
chaleur qui fe fait par la furface
des poulmons comparée avec celle de tout le corps, ne peut pas
être en raifon de la furface qu'ils
préfentent à l'action du froid extérieur. Au refte il n'eft pas aifé de
déterminer quelle peut être la raifon de cette déperdition. Je préfume cependant qu'il eft très-pro-
bable que nous perdons au moins
la moitié de notre chaleur par les
poulmons dans la refpiration.

Il s'agit maintenant d'examiner, fuivant cette hypotèfe, fi la
friction des globules du fang peut
être auffi grande dans les extrêmi-
tès capillaires des poulmons, que

dans toutes les autres parties du corps prises ensemble, ou non ; quant à moi je suis forcé d'avouer que cela me paroît incompatible, non seulement avec le degré de cohésion des globules, & avec la substance tendre & délicate des poulmons, mais principalement encore avec l'extrême vîtesse de la circulation du sang dans ce vis-cere ; ce qui me porte à croire que la quantité de chaleur engendrée dans les poulmons ne peut pas être équivalente à la perte qu'ils en font ; d'où il s'ensuit que le sang doit se rafraîchir en les traversant, quoique nous n'ayons à la vérité aucune expérience faite avec le Termomettre, qui puisse nous faire discerner cet effet, ce qu'il ne seroit pas possible de tenter à cause de l'extrême vîtesse avec laquelle ce fluide circule dans sa substance, lorsqu'il y revient des différentes parties du corps où il s'est échauffé. Par ce moyen, le rafraîchissement que procure la respiration ne se fait pas sentir dans les poulmons seulement, mais généralement dans toutes les parties du corps en commun. Quoiqu'il en soit, il est cependant évident que la chaleur ne peut jamais s'élever dans les poulmons au dessus de son état naturel, à cause des bornes qui, comme nous l'avons vû, s'opposent à la génération de la chaleur dans l'état de santé, au moyen de quoi la quantité qui est engendrée dans quelque partie que ce soit de l'Animal, ne peut jamais surpasser celle du froid de son

Il seroit plus curieux qu'utile pour l'éclaircissement de cette théorie, d'examiner scrupuleusement les différentes quantités respectives de chaleur engendrée par les différentes parties dont le corps est composé, en tant que ces quantités sont susceptibles de quelques influences, soit par rapport à la différence des facultés qu'elles ont d'engendrer de la chaleur, ou par rapport à leur distance respective du *Medium* rafraîchissant, c'est pourquoi j'observerai seulement en général que quelque grande que puisse être cette différence, cependant ses effets sont de beaucoup moins considérables qu'ils ne le seroient effectivement si chaque partie du corps étoit détachée & indépendante l'une de l'autre , & cela tant à caufe du mouvement circulaire du fang au travers de ces différentes parties , qu'à caufe qu'elles fe prêtent & fe communiquent inutilement leur chaleur les unes aux autres ; la barriere que nous avons dit qui s'oppofe à la génération de la chaleur y contribue beaucoup auffi.

Or, fi la chaleur animale étoit l'effet de quelque mouvement inteftin du fang , comment pourroit-il fe faire que ce ferment en engendraffe des quantités fi différentes dans les différens membres du corps. Le doigt par exemple , fouffre une déperdition de chaleur au moins dix fois plus grande que la cuiffe ; d'où s'enfuit qu'il en doit engendrer une quantité dix fois plus grande , lorsque tous les deux jouissent de la même température.

De plus, lorsqu'un Animal est dans un *Medium* ou toutes les parties de son corps sont également chaudes, quel peut être le principe qui regle si bien ce mouvement intestin, qu'il puisse produire tous ses effets dans les différentes parties de l'Animal , selon les proportions exactes de leurs différentes déperditions de chaleur ? Tant de régularité peut-elle être le produit ou l'effet de l'attraction & de la répulsion fortuite des particules contra-nitentes ?

Quelle peut être encore la raison pour laquelle les extrêmités du corps sont beaucoup plus senfibles au froid en hiver, que le tronc, quoique dans un *Medium* temperé elles partagent avec lui le même degré de chaleur ? Je ferois affez porté à croire, felon cette hypotèfe, que tout ce qui faifoit la différence de leur température à un certain degré de froid extérieur, à 32 degrés par exemple, occafionneroit la même différence fi le froid étoit réduit à 96 ou à 100, c'eft-à-dire qu'il devroit toujours y avoir la même différence de température dans les différentes parties du corps, en tout pays & en toutes faifons.

D'un autre côté, fi la chaleur animale étoit engendrée par quelque effervefcence, pourquoi la chaleur innée feroit-elle quelque

I iiij

fois si dépendante de la vîtesse du mouvement du sang ? en effet on s'apperçoit que la génération de la chaleur cesse aussitôt que ce mouvement; que lorsque la circulation est languissante, la chaleur s'affoiblit dans les mêmes proportions ; enfin que dans un temps extrêmement froid, les personnes mêmes les plus robustes sont obligées d'avoir recours à l'exercice ou à tout autre moyen pour réveiller la circulation du sang, afin de conserver leur chaleur naturelle. Pourquoi encore la vîtesse de la circulation, quoique quelquefois fort différente dans diverses parties, n'influeroit - elle en rien sur la génération de la chaleur, comme il arrive quelquefois effectivement, fans que malgré cette différence, il furvienne aucune altération dans la température de toutes les parties du corps ? Enfin que ce ferment du fang foit également fujet & indépendant des influences du mouvement méchanique ; qu'il foit tout à la fois régulier & irregulier dans fon action ; que dans le même temps & dans les mêmes circonftances, il engendre de grandes & de petites quantités de chaleur ; toutes ces propriétés fuppofées, font autant de preuves, non feulement que l'hypotèfe ne s'accorde point avec fes phénomenes, mais encore qu'elle fe contredit elle-même.

Il eft aifé de voir que tous ces argumens ont la même force con-

tre ceux qui suppofent que la chaleur animale eft engendrée par le
froiffement des fluides contre les
folides, ou par les collifions des
globules, ou par tout autre mouvement méchanique quelconque
que l'on puiffe fuppofer exiftant
dans le corps d'un animal ; excepté le froiffement des globules du
fang dans les extrémités capillaires ; froiffement qui par la fimpli-
cité merveilleufe de fon mécha-
nifme, fournit abondamment de
quoi réfoudre tous les phénoménes qui en dépendent, & que la
difficulté de les expliquer autrement, rend tout autre fyftême
également abfurde & contradic-
toire.

SECTION QUATRIE'ME.

Des différens degrés de chaleur innée dans les Animaux.

COMME il ne se rencontre presque nulle part dans la nature un passage subit d'une extrémité à l'autre, mais que tout, au contraire, y est sujet à une gradation aisée & presqu'imperceptible, on pourroit par cette raison sans doute représenter la chaleur animale augmentant insensiblement par degrés depuis les créatures qui ont le moins de vie, & dont la chaleur innée est à peine sensible avec les Thermometres les plus exacts & les meilleurs, jusqu'aux Animaux les plus chauds. Mais il conviendra mieux à notre sujet de nous arrêter à sa progression, afin d'appercevoir plus aisément les circonstances qui accompagent cet effet.

Disons donc d'abord que la plûpart des insectes n'ont qu'une chaleur très-foible au dessus de celle de leur *Medium* *. Or nous savons que dans ce genre d'Animaux, les fluides sont aqueux & inerts, les solides délicats & tendres ; que la puissance projectile de leur cœur est foible ** que leur circulation est lente & languissante, enfin qu'il n'y a point de différence sensible entre l'épaisseur des tuniques de leurs ar-

* Voyez Bacon. Nov. org. 11 §. 11. p. 167. § 12. p. 186. § 13. p. 192. nat. hist. 73.

** Voyez Harv. de Mot. Cord. Exerc. Anat princ. p. 148. & seq.

teres & celle de leurs veines, non
plus que dans les forces de leurs
fluides, foit arteriels ou veineux.

Le défaut de ces conditions
n'eft pas fi confidérable dans les
Poiffons qui refpirent *; c'eft ce
qui fait que leur chaleur innée eft
à proportion plus grande.

En fecond lieu, la plûpart des
Serpens, des Lezards & autres
Animaux de cette efpece *, dont
les poulmons font compofés de
grandes véficules, jouiffent d'un
degré de chaleur encore plus confidérable ; on trouve en conféquence que leurs fluides font plus
épais & plus riches, que leurs fo-

* Voyez MARTIN on the various degrees of
heat in Bodies.

** *Ibid.*

lides sont plus forts & plus fermes, que leur cœur est plus charnu & qu'il a plus de force*, que leur sang arteriel est doué d'une force projectile plus considérable, (d'autant qu'il reçoit immédiatement à la force impulsive du cœur ** ,) que leur circulation est plus vîte, qu'il y a davantage de différence entre l'épaisseur & la tissure musculaire de leurs arteres & de leurs veines, & la force des

*Voyez Harv. Exerc. anat. pr. de motu cordis. p. 151.

** Dans ce genre d'Animaux le sang qui sort du cœur est immédiatement distribué dans les différentes parties du corps, au lieu que dans les Poissons il se porte entierement dans leurs ouies, d'où partent des veines pour le distribuer ensuite dans chaque partie ; cette différence doit en occasionner une bien grande dans la force projectile du sang arteriel de ces deux genres d'Animaux.

différens fluides qui circulent dans les uns & dans les autres.

Enfin les Animaux que les naturaliftes ont appellé chauds, & dont la chaleur naturelle eft plus forte, ces Animaux, dis-je, ont les fluides encore de beaucoup plus épais & plus riches, leurs folides font dans la même proportion beaucoup plus forts & plus fermes; leur cœur a de même plus de vigueur : enfin il y a une différence encore plus grande entre la force de leurs fluides artériels & celle de leurs fluides veineux, & entre l'épaiffeur & le tiffu mufculaire de ces deux fortes de vaiffeaux.

Tout cela nous apprend que plus la friction des globules du fang dans les extrémités capillaires d'un Animal eft grande & plus

fes fluides font riches, fi l'on fuppofe toutes chofes égales d'ailleurs , plus les folides doivent a-
voir de fermeté, plus enfin le cœur
& les arteres ont befoin d'une plus
grande force projectile pour main-
tenir cette friction. Mais fi les
arteres ont à foutenir à elles feules
toute la force projectile du cœur,
qui dans les veines, eft prefqu'entierement épuifée*, & fi chaque
partie d'un Animal eft douée d'une
force & d'une fermeté proportionnelle à l'action qu'il a à exer-
cer ou à foutenir, il arrivera que
plus cette friction fera grande,
plus il y aura d'inégalité entre la

* la différence qu'il y a entre la force du fang
artériel, & celle du fang veineux dans les Animaux chauds , eft , felon le calcul du Docteur
Hales, comme 12 eft à 1.

force

force du fluide artériel & celle du
fluide veineux, enfin entre l'épaiſ-
ſeur & le tiſſu muſculaire des arteres & des veines.

Ainſi la quantité de friction des
globules du ſang dans les extrémités capillaires d'un Animal,
étant proportionnelle aux conditions ſuſdites, & celles-ci étant
en raiſon de leurs quantités reſ-
pectives de chaleur innée, il s'enſuit clairement que les quantités
de chaleur engendrée par différens Animaux ſont proportionnelles aux quantités de cette friction.

De-là l'on peut aiſément appercevoir la raiſon pour laquelle
les facultés génératrices de la chaleur different non-ſeulement dans
les Animaux de différente eſpece,
mais encore dans ceux mêmes de

K.

la même espece, relativement à
la disparité d'âge, de sexe, de
tempérament, de climats, de
genre de vie &c *.

Quant à la diversité de vîtesse de la circulation du sang dans
des Animaux de la même constitution (quoique de diffe-
rentes grandeurs) rien ne nous
porte à croire qu'il en puisse
résulter une grande différence entre les facultés qu'ils ont d'engendrer de la chaleur. Le Doc-

---

* Une chose entr'autres peut contribuer
beaucoup à rendre les Vieillards frileux, savoir
leur petite quantité d'extrémités capillaires qui
diminuent continuellement en conséquence de
l'énergie de la vie ; c'est aussi pour cette raison
que les personnes accoutumées à des travaux
pénibles, perdent plûtôt de leur chaleur naturelle à cause de la grande dissipation qu'ils font
de leur *vis vitæ*, que ne font celles qui menent
une vie oisive & sédentaire.

teur Hales qui s'eſt principalement attaché à calculer les rap-
ports de cette vîteſſe dans l'aorte
de quantité d'Animaux de différentes grandeurs, a eſtimé qu'engé-
néral on pouvoit les appréciercom-
me 2 & 1 , & que dans les deux
créatures qui différoient le plus
en grandeur,par exemple le Bœuf,
& un petit chien qui ſont l'un à
l'autre comme 125 eſt à 1,la vîteſſe
de la circulation dans leur aorte,
étoit à ſi peu de choſe près la même,que la plus vîte n'excédoit pas
l'autre d'un tiers.Or ſi l'on ſuppoſe
que la vîteſſe de la circulation ſoit
égale dans les Animaux de différentes grandeurs , il doit s'enſui-
vre que la vîteſſe de la circulation
dans leur aorte , & dans leur dernier genre d'extrémités capillai-

res sera proportionnelle. Mais comme on peut bien ne pas s'attacher strictement à cette parité, particulierement à l'égard des Animaux de la même constitution, nous pouvons par cette raison conclure que la vîtesse de la circulation du sang dans le dernier genre de vaisseaux capillaires, est à peu près la même dans toutes sortes d'Animaux, quelque différence qui puisse se trouver dans leur grandeur: j'avoue cependant qu'elle est ordinairement plus vîte dans les petits Animaux : & cette précaution étoit sage ; car comme ils ont à proportion plus de vaisseaux capillaires, la résistance que ces petits tuyaux opposent à la circulation du sang, doit être chez eux de beaucoup plus grande, d'où l'on voit que la circulation doit nécessairement y être plus vive. Or si la quantité du sang qui passe par le cœur des Animaux étoit proportionnée à leur grandeur, & si le nombre de leur pulsation étoit le même dans les uns comme dans les autres, il s'ensuivroit que la vîtesse de la circulation dans leur aorte, & celle du cours des globules dans leurs extrémités capillaires, seroit de l'un à l'autre, en raison de leurs diametres respectifs, c'est-à-dire que dans quelques uns elle seroit cent fois & peut-être mille fois plus vîte que dans les autres, d'où s'ensuivroit la même disparité dans leur quantité de chaleur innée. Tant de merveilles ne nous apprennent-elles pas que nous ne

pouvons jamais admirer assez la
sagesse, la providence & les soins
du Créateur, qui a si bien sû va-
rier & proportionner les quantités
de sang qui sortent du cœur chaque fois qu'il se contracte, & qui
a si bien reglé le nombre de ces
contractions relativement à la
grandeur de l'Animal, que la vélocité du sang dans le dernier genre de vaisseaux capillaires est à peu
près le même dans tous *.

Enfin lorsque l'on compare la
chaleur innée de différens Ani-

* Cependant on peut bien attribuer la différence qui existe réellement dans la vitesse
de la circulation du sang dans le dernier genre
de vaisseaux capillaires des Animaux de la mê-
ma fabrique & de la même constitution, à la
différence qui se trouve entre les facultés
qu'ils ont d'engendrer de la chaleur.

maux, on doit faire attention à la nature du *Medium* dans lequel ils vivent. Ces *Medium* font l'Eau & l'Air. Dans le premier, un corps fe refroidit huit fois plus vîte que dans le fecond; d'où s'enfuit qu'un degré de chaleur engendré dans l'eau, toutes chofes égales d'ailleurs, eft équivalent à huit degrés engendrés dans l'air. C'eft en conféquence de ce phénomene que notre chaleur innée eft beaucoup moindre dans l'eau que dans l'air; il eft vrai qu'il n'y a pas réellement une auffi grande différence comme de 8 à 1; mais ce n'eft que parce que l'eau n'a pas un auffi libre accès dans nos poulmons que l'air. Pour la même raifon encore on ne doit point s'attendre à un rapport exact de 8 à 1, dans la comparaison des quantités de chaleur engendrées par les Animaux qui vivent dans l'air, & pour ceux qui vivent dans l'eau, puisque les ouies de ceux-ci ne peuvent effectivement pas présenter à leur Elément une aussi grande surface que l'est celle des poulmons des autres Animaux à l'air.

Or si la chaleur animale étoit engendrée par la friction des fluides contre les solides, par les collisions des globules, ou par quelque mouvement intestin, il s'ensuivroit que plus le sang seroit riche & épais, plus il y auroit de chaleur engendrée, *& vice versa.* Mais on convient unanimement que s'il ne circuloit que de l'eau seulement dans un Animal, il ne s'y engendreroit aucune chaleur quelconque.

quelconque, foit par le mouvement méchanique ou par le mouvement inteftin de nos fluides.
Mais quelque pauvre & aqueux
que puiffe être le fang d'un petit
poiffon, tel qu'une Limandre
ou un Merlan, en comparaifon de celui d'un Elephant ;
cependant fi l'on fuppofe que
la chaleur innée du poiffon
n'eft que d'un demi degré dans
l'eau falée qui l'environne, (fup-
pofirion qui ne s'écarte aucune-
ment de la vérité.) comme il eft
fujet à une plus grande altération
de chaleur, tant à caufe de fon *Me-*
dium, qu'à caufe de fon volume,
ce demi degré prouve qu'il a une
faculté d'engendrer de la chaleur,
d'autant plus grande, qu'il y en

L

auroit peut-être cent dans ce grand Animal *.

SECTION CINQUIEME.

Des phénomenes contre nature de la chaleur animale.

ON peut aisément déduire tous les différens états contre nature de la chaleur des Animaux de ce seul principe, savoir, que plus

* Je présume qu'il n'est pas besoin de rappeller au Lecteur que ceci ne porte aucun coup à la proposition que nous avons établie dans cette section, savoir, que la quantité de chaleur innée d'un Animal, toutes choses égales d'ailleurs, est proportionnelle à la consistence de ses fluides, or si l'on compare un petit Poisson à un Elephant, on doit le regarder comme d'autant plus propre à engendrer une plus grande quantité de chaleur, à cause de sa plus grande proportion d'extrémités capillaires, qu'il y est moins propre à cause de la pauvreté de son sang.

il y a de proportion du diametre
des globules à celui des extrêmités capillaires, plus les limites de la
chaleur innée montent haut ; or ce
sont ces limites qui fixent & qui
déterminent la température des A-
nimaux chauds: dans un homme par
exemple, ces limites montent environ à 98°, c'est-à-dire, qu'à ce
degré de chaleur extérieure, ses
extrémités capillaires sont si re-
lâchées, qu'elles ne sont plus en
état d'agir, ni de recevoir aucune
friction de la part de leurs globules.
Mais si l'on suppose qu'en même
tems les globules ayent acquis plus
de diametre, par quelque cause que
ce soit, il est évident que par ce
moyen ses limites monteront à un
plus haut degré de chaleur extérieure, d'où s'ensuivra nécessaire-

ment une augmentation proportionnelle de sa chaleur inhérente,
qui, comme nous l'avons vû dans
la Section premiere, est réglée
sur ces limites. On peut donc ima-
giner que plus il y aura de proportion entre les globules & les extrémités capillaires, dans quelque
degré déterminé de froid que ce
soit, plus, toutes choses supposées
égales d'ailleurs, leur friction mutuelle sera grande, & par conséquent plus l'Animal sera chaud.

Or la cause immédiate des
obstructions consiste dans l'augmentation de la proportion du
diamettre des globules à celui de
leurs extrémités capillaires, &
tout le monde convient que les
inflammations ne sont rien autre
chose que des obstructions diffé-

remment modifiées relativement à leur nature, ou à leur espece particulieré.

Mais si le mouvement intestin du sang étoit la cause des chaleurs contre nature, son mouvement circulaire empêcheroit que ces maladies ne pussent se fixer dans aucun endroit particulier du corps, comme il arrive dans le phlegmon par exemple, dans l'érésipéle, &c. En effet quelque mouvement intestin que l'on puisse supposer dans les fluides de la partie malade, il devroit par la même raison, être le même dans toute la masse qui, dans le cours de la circulation, passe continuellement au travers de ces parties, d'où s'ensuit évidemment que la cause de la chaleur contre nature qui accompagne le phlegmon , doit nécessairement avoir son siége dans les solides & non pas dans les fluides. Donc , puisque la chaleur qui accompagne les inflammations ne peut être l'effet d'aucun mouvement intestin du sang , ne peut-on pas à bon droit conclure de-là que la chaleur qui accompagne d'ordinaire les fiévres n'en dépend pas non plus? En effet on peut en quelque façon regarder la fiévre comme une inflammation universelle , & une inflammation proprement dite , comme une fiévre locale qui est presque toujours accompagnée de quelque obstruction qui semble être également le principe de l'une & de l'autre.

Enfin toutes les raisons que l'on pourroit alléguer pour prouver

que la chaleur naturelle du fang ne
dépend point, ou n'eft point engendrée par fon mouvement inteftin, font de la même force pour
prouver de même que la chaleur
contre nature de ce fluide ne dépend point non plus de cette caufe; ceci eft également vrai à l'é-
gard de la friction mutuelle des
folides & des fluides les uns contre
les autres des collifions des
globules, &c. J'obferverai feulement au fujet de cette hypotèfe
méchanique, que fes partifans fe
font contredits eux-mêmes fuivant
leurs propres principes, lorfqu'ils
ont attribué au mouvement du
fang beaucoup plus de vîteffe dans
le temps des fiévres, que dans le
temps de fanté. Ils ont imaginé
fans doute que cette condition

étoit nécessaire pour rendre raison
de l'augmentation contre nature
de la chaleur dans ces maladies,
sans jamais faire attention que
quoique la température absolue
d'un Animal, soit plus haute dans
l'état de fiévre que dans l'état de
santé, la quantité réelle de sa chaleur innée peut néanmoins être
beaucoup moindre. En effet si
l'on suppose un Animal travaillé
d'une fiévre brulante, à 70° par
exemple, de chaleur extérieure,
& que la température de son sang
soit à 110, ce qui fait ordinairement le terme des fiévres les plus
violentes, en ce cas la quantité de
sa chaleur innée est de 40° ; j'entends, selon l'explication que
nous en avons donnée, l'excès
dont sa propre chaleur surpasse

celle de fon *Medium*; mais fi la même créature, dans l'état de fanté, conferve fa température naturelle que je fuppofe être de 100° dans un *Medium* dont la température foit de 200, elle engendre réellement une double quantité de chaleur, c'eft-à-dire qu'elle engendre 80°.

Il eft aifé de comprendre par tout ce que nous avons dit fur la chaleur contre nature des Animaux, pourquoi les aftringens, dont l'effet tend à diminuer le diamettre des extrémités capillaires, raniment & fortifient notre chaleur innée, & pourquoi d'un autre côté, tout ce qui peut relâcher produit un effet contraire.

SECTION SIXIEME.

Des limites de la chaleur animale.

NOus avons démontré ci-devant la cause efficiente des limites de la chaleur innée dans les animaux, nous nous attacherons dans cette Section à marquer quelques unes de ses causes finales.

Pour cet effet nous dirons donc que s'il s'engendroit toujours une même quantité de chaleur, il est évident qu'en ce cas les corps des hommes & des brutes souffriroient les mêmes changemens de chaud & de froid dans les différentes saisons & en différens climats, que souffrent les végétaux, ou même les matieres les plus inertes. D'un autre côté, comme un Animal engendre quelquefois

plus de cent degrés de chaleur, &
que la chaleur des rayons du Soleil dans certaines saisons de l'année, est d'environ cent degrés
dans presque toutes les parties du
monde habitable * : il paroît
clairement que suivant cette sup-
position, la température d'un
Animal exposé directement à l'ar-
deur du Soleil pendant les chaleurs brulantes de l'Eté, devroit
égaler, ou peut-être même excéder celle de l'eau bouillante; d'où
l'on voit combien il est nécessaire
que la génération de la chaleur a-
nimale soit sujette à quelque variation, c'est-à-dire qu'elle augmente relativement à l'intensité du

* Voyez le Docteur M A R T I N, dans son
Livre intitulé *Essai on the various degrees of
heat in Bodies.*

froid extérieur, & qu'elle diminue
au contraire avec la chaleur extérieure, ce qui doit s'entendre
de sa tendance vers ses limites.

Or dans les Animaux chauds,
ces limites sont fixés à un degré de
chaleur extérieure, très-bien proportionné aux différens besoins de
la vie. En effet si ce degré étoit
fixé plus bas, nous ne pourrions
pas résister aux chaleurs brulantes
qu'il fait en certains temps, & plus
violemment encore en certains
pays, & cela à cause du relâchement de nos extrémités capillaires;
car quoiqu'un degré de chaleur
extérieure dans lequel ce relâchement est si considérable que ces
vaisseaux ne peuvent plus faire au-
cunes fonctions d'extrémités capillaires, soit supportable pen-

dant quelques heures, cependant
si l'on persistoit longtems dans cet
état, il en résulteroit infailible-
ment des suites très-dangéreuses ;
si donc ces limites avoient été
fixés dans les Animaux chauds, à
70°, comme dans les poissons *,

* Nous ne pouvons nous appercevoir au
moyen du Thermometre, qu'il y ait aucune
chaleur innée dans les Poissons, lorsque l'eau
dans laquelle ils nagent, a acquis à environ
70° de chaleur ce qui fait qu'on ne doit pas
être surpris qu'un degré de chaleur considéra-
blement au dessous de la température naturelle de nos corps, leur soit nuisible au point
de leur occasionner la mort ; puisqu'il occasionne un si grand relâchement dans leurs extrémités capillaires, qu'il en résulte dans leur
fluide un erreur de lieu universelle, & par
conséquent tous les accidens qui peuvent en
dépendre, d'où l'on voit évidemment que la
mort doit s'ensuivre. C'est donc une sage précaution que les limites de la génération de leur
chaleur soient d'autant de degrés au-dessous
de la nôtre, qu'elles le sont effectivement. Car

toute la Zône torride & même
une grande partie de la Zône tem-
perée seroit inhabitable ; les chaleurs de l'Eté auroient été autant
à craindre dans les pays les plus
septentrionnaux, & auroient été
sujettes à des suites aussi fâcheu-
ses que le sont à présent celles qu'il
fait sur les sables brulans de l'Af-

comme ils vivent dans un Elément près de mille fois plus dense que le nôtre, il est pour cette
raison même beaucoup moins susceptible de
s'échauffer par l'action des rayons du Soleil,
puisque sa température n'excede effectivement
jamais 70 degrés dans presque toutes les parties
du monde. Si donc les limites de leur chaleur
naturelle étoient fixés à un aussi haut degré
que sont celles de la nôtre, ils seroient par-là
beaucoup moins en état de résister au froid
qu'ils ont, pour ainsi dire, continuellement à
souffrir. D'un autre côté ils seroient, inutilement, en état de souffrir une chaleur beaucoup plus grande, qu'il ne l'ont jamais à es-
uyer.

frique ; enfin un degré de chaleur de beaucoup inférieur à la température ordinaire de nos corps, nous feroit auſſi fatal qu'il l'eſt d'ordinaire aux poiſſons. Il étoit donc de la ſageſſe & de la précaution du Créateur de borner notre chaleur innée par un certain degré de chaleur extérieure, auſſi grand que nous pouvons être dans la néceſſité de le ſupporter ; car les plus grandes chaleurs qu'il fait à midi dans quelque climat que ce ſoit, vont rarement au-de-là de cent degrés, ou du moins ſi elles les ſurpaſſent on regarde cet excès de chaleur comme une irrégularité du cours ordinaire des ſaiſons, ou comme un effet du Soleil ſeulement en certains tems & dans certaines circonſtances,

& seulement dans quelques endroits particuliers de la terre.

D'un autre côté, si les limites de notre chaleur naturelle avoient été fixées plus haut, ou à un plus haut degré de chaleur extérieure, nous serions devenus par-là beaucoup moins propres à proportion à résister au froid. Supposons par exemple, que notre température fût de 120°, c'est-à-dire de 20 degrés plus haut qu'elle n'est réellement, en ce cas nos extrémités capillaires seroient susceptibles d'une aussi grande constriction à 32° de froid extérieur, qu'ils le font ordinairement selon les regles de notre température à 12°, c'est-à-dire que nous trouverions le froid aussi rude au degré de la glace que nous le sentons

tons ordinairement, lorſqu'il a
20 degrés davantage d'intenſité;
d'où il arriveroit néceſſairement
que toute la Zône glaciale &
une grande partie de la Zône tempérée ſeroit inhabitable pendant l'hiver, à cauſe de la grande
conſtriction de nos extrémités capillaires.

Ainſi les limites de notre chaleur innée ont été ſagement proportionnées, non-ſeulement aux
différens degrés de conſtriction &
de relâchement dans nos extrémités capillaires, ſelon les différens
degrés de chaleur ou de froid extérieur que nous avons à eſſuyer;
mais encore à la propre température de nos nerfs & de nos fluides.
Notre chaleur la plus naturelle &
celle dont nous nous accommo-

dons le mieux, est d'environ cent degrés. Une chaleur tant soit peu plus grande, seroit capable de répandre la putrefaction dans tous nos fluides ; les fiévres les plus brûlantes montent rarement jusqu'à 110 degrés de chaleur, & on sait par expérience que l'eau échauffée jusqu'à 114 ou à 116°, est brulante.

D'un autre côté, une température plus moderée que celle dont nous jouissons, nous auroit été d'une aussi mauvaise conséquence, puisqu'elle auroit coagulé nos fluides, dont l'épaississement & la viscosité naturelle demandent un certain degré de chaleur, qui, par la douce agitation & la légere commotion qu'elle communique aux particules qui circulent seulement dans les petits vaisseaux capillaires, les empêche de s'attirer mutuellement & de s'attacher les unes aux autres.

Or, comme la température des Animaux chauds coincide avec les limites de leur chaleur innée, comme nous l'avons dit dans la Section premiere : il est aisé de prévoir les mauvais effets qui pourroient résulter de l'influence de ces limites, si elles étoient fixées à un degré de chaleur extérieure plus grand ou moindre que celui où elles sont ordinairement, puisque par-là la température de nos corps deviendroit susceptible d'un plus ou moins grand degré de chaleur à proportion de l'étendue de ces limites,

SECTION SEPTIEME.

De nos sensations de chaud & de froid.

L'Idée que nous avons du chaud & du froid est en plus grande partie indépendante de leurs quantités inhérentes dans nos corps ; en effet dans le temps même des plus grandes gelées, un Animal chaud exposé si l'on veut à la plus grande rigueur du froid, est cependant encore aussi chaud, selon le Thermometre *, qu'il l'est, lorsqu'il est au contraire ex-

---

*Ceci ne doit s'entendre qu'à l'égard du tronc & des autres parties du corps seulement qui peuvent conserver leur température naturelle malgré un si grand froid, sans cependant être pour cela exemptes d'une sensation de froid très-vive & très-sensible.

posé aux plus grandes chaleurs de l'Eté : pendant le frisson & au commencement de la plûpart des fiévres de même, quoique l'on se plaigne d'un froid insupportable, le sang est neanmoins quelquefois plus chaud que dans l'état de santé. *

Enfin quoique dans les fiévres on s'imagine être confumé par la violence de la chaleur, neanmoins

---

* Le Docteur MARTIN obferve dans fon Effai fur les différens degrés de chaleur des corps, que dans le fort du paroxifme d'une fiévre qu'il avoit effuyée depuis peu, la chaleur de fa peau étoit de 106 de façon, dit-il que celle de fon fang étoit de 107 ou 108 il ajoute comme une chofe fort remarquable, qu'au commencement de l'accès, dans le fort de fon tremblement, enfin lorfqu'il fouffroit davantage du froid, fa peau étoit néanmoins de deux ou trois degrés plus chaude que dans l'état naturel.

dans la plûpart de ces maladies, la température réelle de notre sang surpasse à peine celle d'une poule* qui couve ses œufs : or dans cet état, cet animal n'est pas exempt sans doute de pareilles incommodités du côté de la chaleur.

Il est aisé à présent de rendre raison de tous ces phénoménes ; en effet la sensation de froid dont nous nous plaignons, n'est-elle pas occasionnée par le resserrement des extrémités capillaires ? Celle du chaud au contraire n'est-elle pas une suite de leur relâchement ? Or puisqu'au moyen de ce resserre-

---

* La chaleur d'une Poule qui couve est ordinairement d'environ 107 ou 108 degrés, terme au-de-là duquel la chaleur des fievres monte rarement. *Voy. Martin on the various of heat in Bodies.*

ment & de ce relâchement des extrémités capillaires, nos corps conservent la même température dans une grande étendue de froid & de chaleur extérieure ; on ne doit point s'étonner qu'en conséquence des différentes modifications auxquelles ces petits tuyaux font sujets relativement aux différens degrés de chaleur ou de froid extérieur, il se passe dans notre esprit différentes idées, sans que pour cela notre propre température devienne susceptible d'aucune variation pendant tout ce temps.

Cette sensation si désagréable de froid, qui nous agite au commencement d'un violent accès de fièvre, n'est-elle pas de même le produit d'un certain degré de coagulation , ou de l'imméabilité du sang dans les extrémités capillaires , analogue à l'effet d'un rude froid extérieur qui resserre fortement ces tuyaux ? Pourquoi donc ces tuyeaux ainsi affectés ne produiroient - ils pas chez nous la même idée ?

De même encore ce feu * ima-

* On trouvera peut-être étrange qu'un certain degré d'imméabilité dans le sang, qui accompagne presque toujours la fièvre, puisse exciter une sensation si différente de celle du froid aigu qui est de même le produit d'une imméabilité causée par le simple resserrement des extrémités capillaires ; mais toutes nos sensations , quelques différentes qu'elles soient, ne viennent-elles pas du même mouvement communiqué au *sensorium* commun par le moyen des nerfs , seulement avec des circonstances différentes ? Preuve du peu de différence qu'il y a entre l'espece de mouvement qui occasionne le plaisir , & celle qui occasionne la peine ! Ainsi pourquoi une obstruction différemment modifiée ne pourroit-

ginaire

ginaire dont on se croit dévoré pendant la fiévre, n'est pas tant occasionné par la grande quantité de chaleur inhérente dans nos corps comme par un effet de la fiévre, semblable en quelque maniere à celle que ce degré de chaleur dont

elle pas occasionner en nous des sensations aussi différentes que le sont entr'elles celles du chaud & du froid ? En effet l'obstruction qui accompagne le sentiment de froid, ne paroît dépendre de rien autre chose que d'un simple resserrement des vaisseaux capillaires ; l'autre au contraire est l'effet d'une imméabilité occasionnée par quelque défaut dans la solidité, le volume, la figure ou la consistence des globules, accompagné d'une erreur de lieu, & conséquemment d'une distension dans les petits tuyaux capillaires. Cette sorte de sensation différe encore beaucoup de cet état d'accablement dont nous nous plaignons dans un bain chaud par exemple, ou lorsqu'il fait une chaleur excessive, & dont l'idée seule semble nous affoiblir ; idée qui neanmoins ne paroît venir que d'un simple relâchement.

N

notre imagination est occupée,
pourroit produire s'il étoit réel.

Or, si la chaleur des Animaux
étoit occasionnée par le froissement des fluides contre les solides,
par les collisions des globules ou
par quelque sorte de mouvement
intestin, les idées que nous avons
du chaud & du froid seroient nécessairement proportionnées aux
quantités de ces différentes modifications inhérentes dans nos
corps ; c'est-à-dire que nous serions tout-à-fait insensibles à la différence des climats, & à cette
grande viciscitude des saisons qui
nous affectent tant par rapport
au chaud & au froid * ; puisque

* Ceci ne doit point être entendu indifféremment de toutes les parties du corps ; en effet, il
y en a quelques unes (comme nous l'avons

l'uniformité de notre température auroit aussi constamment occasionné la même uniformité dans le resserrement de nos extrémités capillaires, il en auroit été de même de nos idées de chaud & de froid. En un mot, par ce moyen nous aurions été privés en plus grande partie de tous les plaisirs d'un de nos sens en entier.

Après avoir ainsi appliqué la solution de différens phénoménes, à la démonstration de notre théoreme, savoir, que *la chaleur animale est engendrée par la friction mutuelle des globules & des extrémités capillaires*, il ne me reste

remarqué dans la troisiéme Section) qui ne peuvent conserver leur température naturelle, que dans une très-petite étendue de froid ; mais celles-ci ne sont pas à comparer aux autres.

plus qu'à résumer une Scholie générale de toutes les parties de cet Ouvrage.

SCHOLIE.

IL paroît donc premierement que la friction des globules dans les extrémités capillaires, & la génération de la chaleur animale font proportionnelles l'une à l'autre, ou qu'elles ont une relation mutuelle de cause & d'effet. Mais ce n'est que par les phénoménes, que nous pouvons appercevoir cette relation. En effet si la génération de la chaleur & cette friction n'avoient qu'un seul & même aspect, on n'auroit pû trouver aucune raison de proportion entr'elles, proportion qui consiste dans la ressemblance ou l'analogie de

leurs différens aspects ou de leurs
différens phénomenes. Nous ne
devons donc pas être furpris que
jufqu'ici l'on ait entrepris avec fi
peu de fuccès, de rendre raifon
des caufes de la chaleur animale,
puifque l'on a toujours négligé ou
mal-entendu ces phénoménes qui
feuls pouvoient nous la faire appercevoir *. On imaginoit que la
génération de la chaleur dans les
Animaux qui jouiffoient d'une
parfaite fanté, étoit à peu près
uniforme, de façon qu'il étoit affez

* Il n'eft fait mention de ces phénomenes
dans aucun des auteurs qui ont écrit fur cette
matiere, &, ce qu'il y a encore de plus furprenant, ces mêmes Auteurs ne font pas feulement la moindre diftinction entre la chaleur
innée & la chaleur abfolue d'un Animal : c'eft
fans doute le défaut de cette diftinction qui a
été la principale fource de leur erreur.

naturel de lui assigner une cause d'une uniformité constante, telle que le froissement des fluides contre les solides, les collisions mutuelles des globules, les effervescences, les fermentations, les ébulitions, la putréfaction &c.

Cependant toutes ces hypotèses répugnent & ne s'accordent point du tout non seulement avec les phénoménes, mais moins encore avec les expériences les plus concluantes; en effet, du sang extravasé ne laisse pas appercevoir le moindre degré d'effervescence, & le mouvement méchanique le plus violent ne peut pas y exciter la moindre chaleur.

Il ne doit donc pas paroître étrange que tant que les globules du sang sont enveloppés dans leur véhicule aqueux, la puissance méchanique du cœur ne puisse leur communiquer aucune friction qui soit comparable à celle qu'ils essuyent dans les extrémités capillaires. En effet, comme ces globules flottent dans un *Medium* aussi dense qu'ils le sont eux-mêmes, il est aisé d'appercevoir qu'ils ne peuvent agir que très-foiblement les uns sur les autres : parce que, quelque mouvement qu'ils ayent, ils le partagent presqu'entierement avec leur *Medium,* dans le sein duquel ils peuvent bien souffrir un mouvement, ou si l'on veut, un changement de lieu fort vîte & irrégulier ; mais indépendemment duquel ils sont presqu'en repos, relativement l'un à l'autre. D'un autre côté,

la densité de ce Medium aqueux
doit encore affoiblir de beaucoup
leurs chocs ou leurs collisions
mutuelles ; & son extrême lubri-
cité doit rendre toute sorte de
friction presqu'impossible ailleurs
que dans les extrémités capillaires. Ajoutons à cela que la surface
de la collision de deux globules qui
se rencontrent de cette maniere dans un point est peut-être de
quelques mille fois moindre que
lorsqu'ils sont chassés vivement au
travers des tubes dont le diametre
est moindre que le leur, au moyen
de quoi une grande portion de
toute leur surface se trouve appli-
quée contre les parois des extrémités capillaires.

Or un globule paroît un corps
très-bien qualifié pour engendrer

de la chaleur au moyen de la friction : en effet son élasticité*le rend
fort susceptible de ce mouvement
d'ondulation dans lequel la chaleur consiste ; & au moyen de sa
flexibilité, il peut non seulement
appliquer une plus grande étendue
de sa surface contre les parois des
extrémités capillaires, mais encore changer & accommoder cette surface à leurs différens degrés
de resserrement ou de relâchement. Il est vrai que la vîtesse de la
friction doit être bien peu considé-

* Une preuve bien sensible que les globules
de notre sang sont élastiques, c'est qu'ils chan-
gent leur figure spherique pour en prendre une
oblongue, lorsqu'ils ont à passer dans des extrémités capillaires ; mais ils reprennent
promptement leur premiere forme ou leur ro-
tondité naturelle, sitôt qu'ils ont passé ce dé-
troit. C'est ce que Levvenhoeck a souvent reconnu par ses observations

rable dans de si petits tuyaux ; mais ce défaut est amplement compensé par la grande expansion de sa surface , ce qui devient évident pour peu qu'on fasse attention au grand nombre d'extrémités capillaires & à l'extrême petitesse des globules *.

* On pourroit se former une idée de la surface prodigieuse de la friction des globules de notre sang dans leurs extrémités capillaires , en estimant la friction d'une quantité égale au poids d'un grain seulement. Supposons donc avec le Docteur Jurin , que le diametre d'un globule rouge soit égal à $\frac{1}{3134}$ partie de pouce , & que ce globule touche les parois d'une extrémité capillaire par la moitié de sa surface , ce que l'on peut bien supposer constant ; lorsque ce tube est fortement resserré par l'action du froid. Or la surface d'un pouce cube est de cinq pouces quarrés. Mais la surface d'un petit cube dont le diametre n'est que la $\frac{1}{3240}$ partie d'un pouce , doit être 3240 fois plus grande à proportion de la quantité de matiere qu'elle contient , puisque les surfaces des

Mais ce qui rend cette friction
corps (volume pour volume) augmentent
dans les mêmes proportions que leurs diametres diminuent : donc la surface d'une quantité
de ces petits cubes , égale à un cube d'un pouce de diametre , doit être 6×3140 ou 19440
pouces quarrés : or, il est probable que c'est-là
à peu près la surface de la friction d'un pouce
cube de globules de sang , en les supposant
(comme nous l'avons fait ci dessus) se toucher par la moitié de leur surface : car quoiqu'un cube soit beaucoup plus étendu dans sa
surface , à proportion de sa quantité de matiere , que ne l'est un spheroide du même diametre , qui est la forme d'un globule de sang ,
néanmoins, ce défaut paroît compensé par le
changement de figure que ces petits corps souffrent en traversant une extrêmité capillaire ,
parce que leur surface augmente à proportion
qu'ils s'éloignent de la figure ronde.

De plus , quoique selon notre hypotèse , un
globule rouge ne froisse une extrémité capillaire que par la moitié de sa surface seulement,
cependant comme la surface de la friction du
vaisseau capillaire est pareillement le même,
ces deux surfaces ensemble doivent être équi-
valentes à toute la surface du globule.

encore plus propre à produire de

Or un pouce cube de sang pése 168 grains, ce qui étant le diviseur de 19440, le quotient 72. 5, nous donne un nombre de pouces quarrés égal à la surface de la friction d'un grain de globules seulement, & encore de la premiere grandeur.

Mais comme il se trouve des extrémités capillaires également dans les vaisseaux séreux & dans les vaisseaux lymphatiques, ce qui est évident par leur relâchement & leur resserrement à l'occasion du froid ou du chaud extérieur, sans que leur propre température en souffre aucune altération, comme on l'apperçoit manifestement dans les vaisseaux excreteurs de la peau, (voy. Sect. 1.) il est manifeste que la surface du froissement d'un grain de globules sereux, qui circulent dans ces petits tuyaux doit l'emporter sur la surface de la friction de la même quantité de globules rouges, en raison de ce que les diametres de ces premiers globules sont moindres, c'est-à-dire qu'un grain de particules séreuses, dont il en faut six pour former un globule rouge, doit se froiler par une surface à peu près deux fois aussi grande que l'est celle d'une même quantité de globules rouges; & qu'un grain de particules

la chaleur, c'est la compression que les globules reçoivent contre les parois de leurs extrémités capillaires dont la force excéde de beaucoup celle de leur propre poids, comme il le paroît par le changement de figure qu'ils souf-

lymphatiques (dont il en faut trente-six pour égaler un globule rouge) doit se froisser par une surface plus que triple. Enfin, qu'un grain de ces petites particules que Leevvenhoeck a observées dans les plus petits vaisseaux des cerveaux de différens Animaux, dont 500 pourroient à peine égaler un globule rouge, (en supposant qu'ils essuyent le même degré de friction que les globules rouges) se froisseroit par une surface égale à celle de 580 pouces quarrés : ce qui est assurément immense pour une aussi petite quantité de globules que celle d'un grain seulement. Ceci consideré à part, est une preuve de la grande énergie de l'attraction, qui peut vaincre une si grande résistance de friction dans des tuyaux aussi petits & aussi éloignés de l'action immédiate du cœur.

frent en les traverfant. D'un autre côté, la génération de la chaleur fe faifant de cette maniere à
peu près également dans toutes
les parties du corps, fon altération devient par-là beaucoup
moindre, que fi elle n'avoit eu
fon fiége qu'à la furface extérieure
du corps feulement, comme il
arrive dans les grands corps qui
s'échauffent ordinairement par le
froiffement.

Ainfi, non feulement la friction des globules dans les extrémités capillaires réfoud d'une
maniere fatisfaifante les phénoménes de la chaleur animale ; mais
encore elle paroît une caufe entierement adequate à fon effet. On
ne peut donc avoir aucune raifon
d'appeller à fon fecours la friction

mutuelle des fluides & des solides, les collisions des globules, ni quelque espece que ce soit de mouvement intestin, toutes cau- ses qui véritablement ne paroissent pas moins inutiles qu'elles sont peu d'accord avec les phénome- nes, car comme l'a dit Newton, *Causæ rerum naturalium non plures admitti debent, quam quæ & veræ sint & earum phenomenis explicandis sufficiant.*

FIN.

TABLE

TABLE

TABLE.

OBSERVATIONS.

PHÉNOMENES.

Il y a un certain degré de chaleur exté-

LEMMES.

O ij

TABLE.

Fin de la Table.

APPROBATION.

J'AI lû par ordre de Monseigneur le Chancelier, un Manuscrit intitulé: *Essay sur la génération de la Chaleur dans les Animaux*, je n'y ai rien trouvé qui pût en empêcher l'impression. A Paris ce 15 Mai 1755.

Signé, GUETARD.

Extraits, sous quelque prétexte que ce puisse
être, sans la permission expresse & par écrit du-
dit Exposant, ou de ceux qui auront droit de lui,
à peine de confiscation des Exemplaires con-
trefaits, de trois mille livres d'amende contre
chacun des contrevenans, dont un tiers à Nous,
un tiers à l'Hôtel-Dieu de Paris, & l'autre tiers
audit Exposant, ou à celui qui aura droit de lui,
& de tous dépens, dommages & intérêts ; à la
charge que ces Présentes seront enregistrées
tout au long, sur le Registre de la Communauté
des Imprimeurs & Libraires de Paris, dans trois
mois de la datte d'icelles, que l'Impression desdits Ouvrages sera faite dans notre Royaume, &
non ailleurs, en bon papier & beaux caractéres,
conformément à la feuille imprimée, attachée
sous le contre-scel des Présentes ; que l'Impé-
trant se conformera en tout aux Réglemens de
la Librairie, & notamment à celui du 10 Avril
1725 ; qu'avant de les exposer en vente, les
Manuscrits qui auront servi de copie à l'impression desdits Ouvrages, seront remis dans le même état où l'approbation y aura été donnée, ès
mains de notre très-cher & féal Chevalier Chancelier de France le Sieur DE LAMOIGNON, &
qu'il en sera ensuite remis deux Exemplaires de
chacun dans notre Bibliothéque publique, un
dans celle de notre Château du Louvre, un dans
celle de notre très-cher & féal Chevalier Chancelier de France, le Sieur DE LAMOIGNON, &
un dans celle notre très-cher & féal Chevalier
Garde des Sceaux de France, le Sieur DE MA-
CHAULT, Commandeur de nos Ordres, le tout
à peine de nullité des Présentes : Du contenu
desquelles vous mandons & enjoignons de faire
jouir ledit Exposant & ses ayant causes, pleine-

ment & paisiblement , sans souffrir qu'il leur
soit fait aucun trouble ou empêchement. Vou-
lons que la copie des Présentes , qui sera imprimée tout au long au commencement ou à la fin
desdits Ouvrages , soit tenue pour dûement si-
gnifiée , & qu'aux copies collationnées par l'un
de nos amés & féaux Conseillers-Secretaires ,
foi soit ajoûtée comme à l'Original. Comman-
dons au premier notre Huissier ou Sergent sur
ce requis, de faire pour l'exécution d'icelles ,
tous actes requis & nécessaires , sans demander
autre permission , & nonobstant clameur de
Haro , Charte Normande & Lettres à ce con-
traires : Car tel est notre plaisir. Donné à Ver-
sailles le sixiéme jour du mois de Septembre ,
l'an de grace mil sept cent cinquante-cinq , &
de notre Regne le quarante-uniéme. Par le Roi
en son Conseil. *Signé* , LE BEGUE.

*Regiſtré , enſemble la ceſſion , ſur le Regiſtre
XIII. de la Chambre Royale des Libraires &
Imprimeurs de Paris , N°. 584. F°. 454. conformément aux anciens Reglemens , confirmés par
celui du 28 Février 1723. A Paris le 18 Septembre 1755.* Signé , D I D O T , Syndic.

Je soussigné , reconnois avoir cédé à mon
Pere le présent Privilége. A Paris ce 16 Septembre 1755. *Signé* , P R A U L T jeune.